少許酵母粉×揉麵3分鐘×只發酵1次

41款Q軟貝果&披薩在家輕鬆做

幸榮／著　童小芳／譯

前言

「希望把任何人都能烤出美味麵包的食譜傳遞出去」，
我是出於這樣的想法而開設麵包烘焙教室，
在教導各式各樣的學生與構思各種食譜的過程中，
希望讓麵包的製作過程更簡單、更貼近生活的心情愈來愈強烈。

我所提供的食譜因為酵母用量少，所以比較費時，
不過發酵過程很穩定，必須守在一旁的時間很短，
可以輕易地融入日常生活中。

然而，烘焙麵包對於初學者來說既吃力又困難，
也難以想像究竟要耗費多少時間。
我認為這樣的印象大大提高了烘焙麵包的難度。

如果只發酵1次呢？
如果只花極短的時間就可以完成呢？
貝果、披薩，還有佛卡夏麵包，這些就有可能做到。

貝果的魅力在於扎實又有彈性的獨特口感。
鬆軟的披薩與佛卡夏麵包連小孩子都愛不釋口。

全家人一起觸摸著柔軟的麵團，
邊說著「好像很好吃耶！」、「真想趕快嚐嚐！」
這樣的時光肯定也是烤出美味麵包的關鍵之一。
大家滿心期待的心情與麵包的美味度息息相關。

何不試著將這種慢慢發酵的麵包烘焙食譜
帶進自己從容而平穩的生活中呢？

幸榮

1 不使用奶油與雞蛋

我認為沒有添加多餘材料的樸實麵包才會讓人每天都想吃。麵包烘焙教室開課之初，我便從簡化材料開始著手，力求簡單、用家裡現有的材料就能隨時製作。想做的時候立刻就能輕鬆動手做，我想唯有這樣的食譜才能融入每天的生活中。

2 只使用少許酵母

我所製作的麵包，特色在於減少酵母量並預留足夠的發酵時間。添加的乾酵母不到一般用量的一半，約2g左右。經由發酵所產生的美味是無可取代的。鬆軟、不帶酵母特殊的味道，而且愈嚼愈美味的麵包就此誕生。

3 揉麵團只需3分鐘

常有人問我：「會不會因為麵團揉得不夠而導致麵包烤得硬梆梆的？」不過我認為這點影響不大。我在製作麵包時，混合好材料之後會先靜置片刻，使其互相融合，藉此縮短揉麵的時間。這是讓大家可以自行在家烤來吃的麵包，只要做得開心、吃得美味就算成功了。

4 只進行1次發酵

烘焙麵包時，基本上都會進行2次發酵，不過本書所介紹的食譜，全部都只發酵1次。尤其是貝果，若能省去費時的一次發酵就可以快速進行烘烤，這樣應該能讓大家更切身感受到麵包生活的美好。對於烘焙麵包仍然裹足不前的人，何不試著先從這種輕鬆好做的麵包開始著手呢？

目錄

第1章 貝果

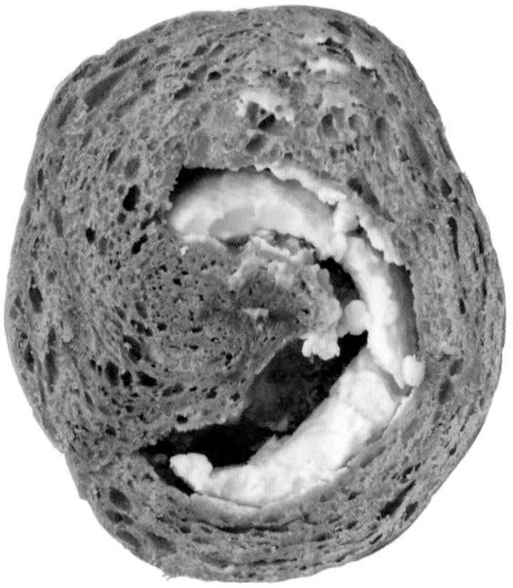

第2章 披薩

第3章 佛卡夏麵包

【專欄】

● 本書的注意事項

- 1大匙為15mℓ，1小匙為5mℓ。
- 麵團的發酵時間是以室溫20℃時為基準。
  請務必觀察麵團的狀態並適度進行調整。
- 烤箱請先預熱至設定溫度備用。
  烘烤時間會因為熱源或機種等因素而多少有些差異。
  請以食譜的時間為基準，並視實際情況增減時間。
- 若是使用瓦斯烤箱，
  請將食譜標示的溫度降低10℃左右。

第1章 貝果

飽滿Q彈又富有光澤的貝果，實在是可愛得不得了。
我所介紹的貝果，特色就在於外皮不會太硬，很容易入口。
只要改變材料的比例或成形的方式，即可變化出各式各樣的風貌。
請多方嘗試各種烘焙法，享受箇中差異所帶來的樂趣。

1 基本的扎實貝果

將麵團揉成細長條狀後，緊緊扭轉6圈再塑形成甜甜圈的形狀。如此便可烤出扎實有嚼勁的偏硬口感。外形略偏橢圓形而非圓形，也是這種貝果的魅力所在。

●材料（直徑8cm的貝果6個份）

高筋麵粉…300g
黍砂糖…1大匙
鹽…1小匙
乾酵母…½小匙（2g）
水…165g

1 混合材料

將麵粉、黍砂糖與鹽倒入調理盆中，用橡皮刮刀以畫圓的方式混合。

加入乾酵母之後，繼續以畫圓的方式混合。在中央挖出一個凹洞。

將水倒入凹洞中。

*水溫的基準為春秋30℃、冬天35℃（皆為溫水），夏天則是20℃。54℃－室溫＝最適合的水溫。寒冷的季節請將水加熱成溫水。

用橡皮刮刀將麵粉與水攪拌混合。待整體融合後，

在調理盆中輕輕揉捏。

*稍微帶點粉狀即OK

等到沒有結塊後，將材料聚攏成團。

2 醒麵（10分鐘）

為了避免麵團乾燥，用沾濕並徹底擰乾的布巾覆蓋，靜置醒麵10分鐘。

3 揉製麵團（3分鐘）

取出麵團置於揉麵台上，用雙手將麵團前端稍微往內折疊，

接著向外延展，重複此動作揉捏麵團。待麵團變成橫長形之後，

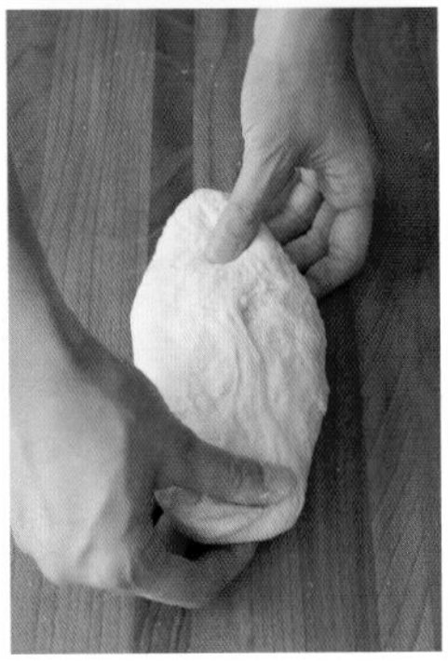

旋轉90度改變方向，以相同方式反覆揉捏，合計約3分鐘。

＊表面變得光滑即OK

4 分割&靜置鬆弛（30分鐘）

輕輕揉圓後，用刮板以放射狀切成6等分。

用手掌側面多次輕撫麵團，延展出平滑的表面後整圓。

取出間隔並排在揉麵台上，覆蓋濕布靜置鬆弛30分鐘。

＊底部未捏合也沒關係

◉若要使麵團的分量平均……

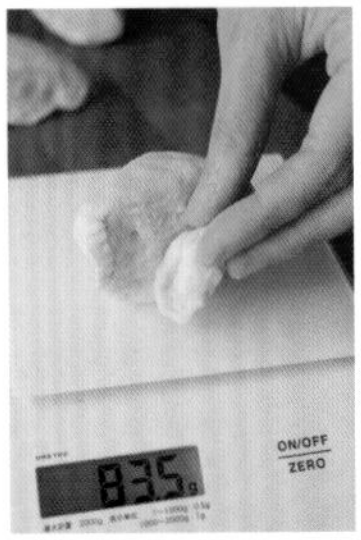

用磅秤一一測量，1個80g（分成6等分時），分量太多就用刮板從切面處切下多餘的部分，分量太少則將麵團黏在切面處。這麼做可減少對麵團的損傷。

5 成形&二次發酵（40分鐘左右）

將麵團翻面輕壓，稍微整平後由外往內折疊1/3。

再由內往外折疊1/3，使麵團呈橢圓狀。

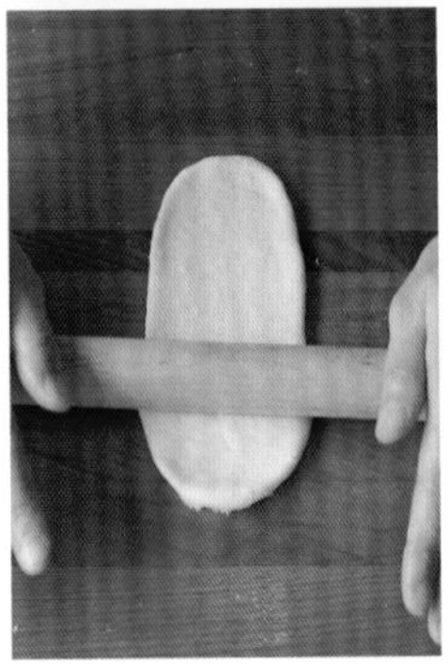

將麵團旋轉90度呈縱向擺放，用擀麵棍擀成18cm長。

＊依「從中間往下⇒從中間往上」的順序滾動擀麵棍即可

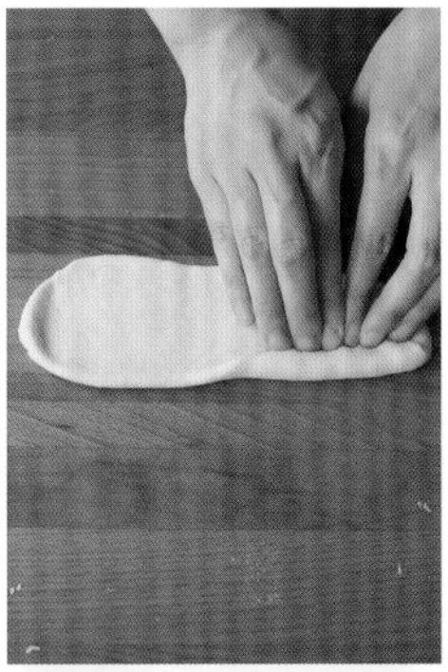

將麵團橫放，從外側邊緣往內緊緊捲一圈，用手指按壓使其黏合。

重複此動作3～4次後，緊緊地捲起。

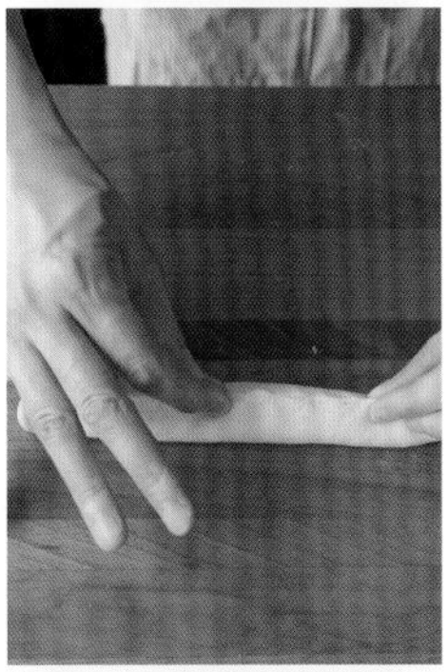

用手指捏緊收口處使其確實密合。接著用雙手滾動麵團使粗細一致。

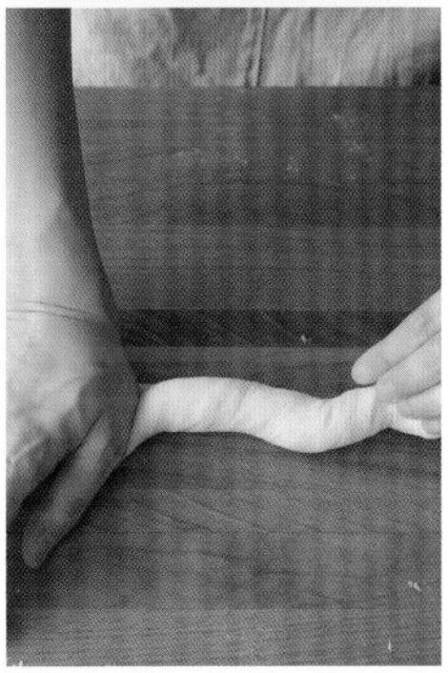

利用掌心把一端用力壓平。接著繼續壓著末端，將麵團扭轉6圈。

*壓平的部分要留長一點

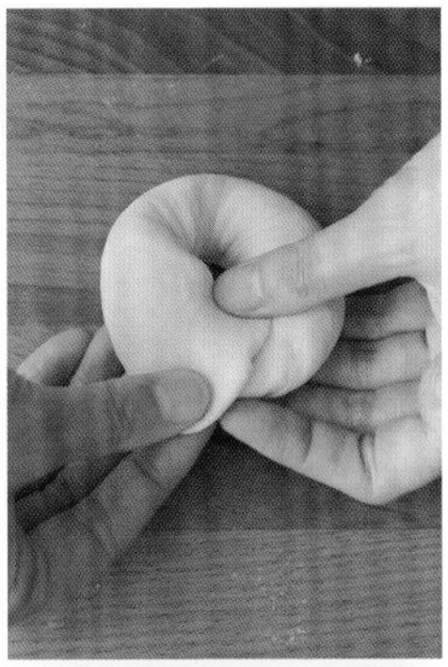

把壓平的部分覆蓋在另一端上，接合成環狀。

*重疊的部分盡量多一點，使中央的孔洞縮小

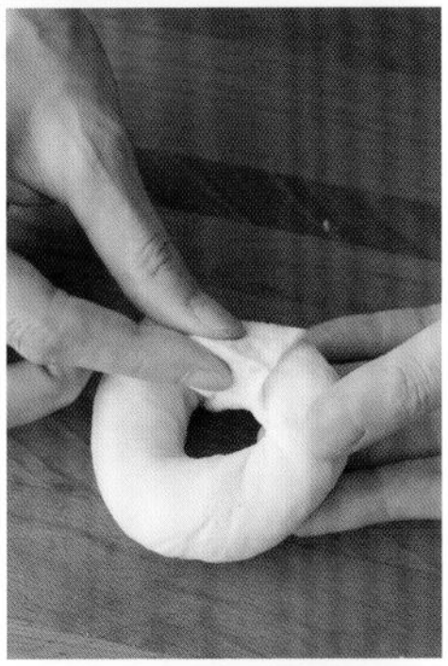

捏緊麵團底部使其確實黏合。

*確保兩端緊密黏合是完美成形的訣竅

在烤盤上鋪上烘焙紙並撒上手粉（高筋麵粉．分量外），將麵團並排在上方，蓋上濕布。

靜置於溫暖處，讓麵團發酵膨脹至1.5倍左右的大小。

*在室溫20℃下發酵約40分鐘

◉「溫暖處」是指……

避開陽光直射或冷氣下方等乾燥之處，擺放在人體感到舒適的地方。我習慣放在廚房的餐桌上。

6 水煮後烘烤

在直徑26cm的平底鍋中煮沸大量的熱水，將貝果麵團全部放入，利用鍋鏟壓入水中，以中火煮1分鐘。

瀝乾熱水，拍掉烘焙紙上的麵粉之後放上貝果麵團，以預熱至210℃的烤箱烘烤14～15分鐘。

*若烘烤不足則提高10～20℃

2 基本的Q彈貝果

以豆漿代替水來揉製麵團，
即可烘焙出別有一番滋味的貝果，
帶有微微的甜味且口感十分Q彈。
將麵團扭轉3圈即可進一步帶出嚼勁，
緊實且圓滾滾的模樣實在可愛極了。
屬於愈嚼愈有甜味的貝果。

● 材料（直徑8㎝的貝果6個份）

高筋麵粉…300g
黍砂糖…1大匙
鹽…1小匙
乾酵母…½小匙（2g）
成分調整豆漿…185g

*豆漿溫度的基準為春秋30℃、冬天35℃（皆為接近溫水的溫度），夏天則是20℃。
54℃－室溫＝最適合的溫度。

1 揉製麵團

將麵粉、黍砂糖與鹽倒入調理盆中，用橡皮刮刀攪拌混合，加入乾酵母混合後倒入豆漿。

用橡皮刮刀攪拌至麵粉與豆漿完全融合後，在調理盆中輕輕揉捏至麵粉結塊消失即可。

將材料聚攏成團，蓋上濕布醒麵10分鐘。

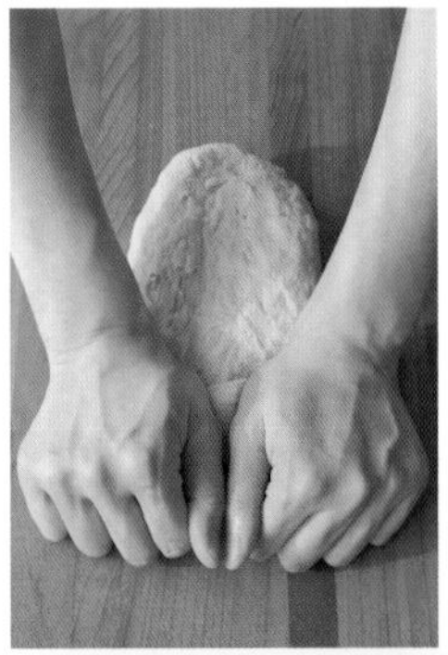

取出麵團置於揉麵台上，用手反覆「往內折疊、向外延展」的揉麵動作。邊揉邊旋轉90度改變方向，揉捏3分鐘左右。

2 分割&靜置鬆弛（30分鐘）

用刮板以放射狀切成6等分，延展出平滑的表面後整圓，並排在揉麵台上，覆蓋濕布靜置鬆弛30分鐘。

3 成形&二次發酵（60分鐘左右）

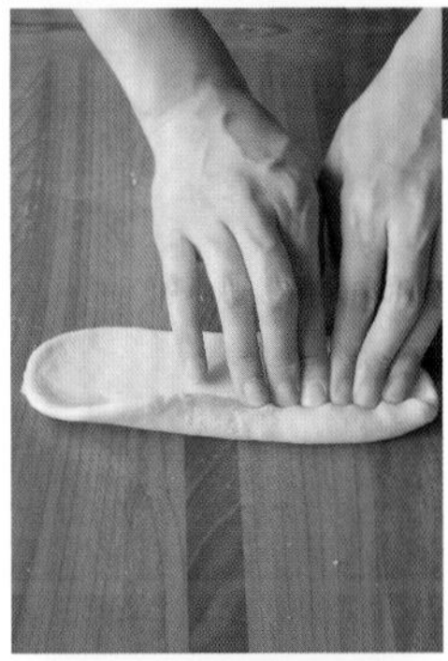

參照P.10塑形成橢圓狀，用擀麵棍擀成18㎝長，從邊端捲起3～4圈後捏緊收口處，並用雙手滾動。

利用掌心把一端壓平，將麵團扭轉3圈後，把壓平的部分覆蓋在另一端上，接合成環狀。

在烤盤上鋪上烘焙紙並撒上手粉（高筋麵粉・分量外），將麵團並排在上方，蓋上濕布。

靜置於溫暖處（參照P.11），讓麵團發酵膨脹至1.5倍的大小。

*在室溫20℃下發酵約60分鐘

4 水煮後烘烤

在平底鍋中煮沸熱水，將貝果麵團全部放入，利用鍋鏟壓入水中，以中火煮1分鐘。

瀝乾熱水，拍掉烘焙紙上的麵粉之後放上貝果麵團，以預熱至210℃的烤箱烘烤14～15分鐘。

3 基本的鬆軟貝果

這款光滑亮澤又圓滾滾的貝果，
混合了少許低筋麵粉，烤出輕盈的口感。
即使是不愛偏硬貝果的人，
肯定也能吃得津津有味。
製作成三明治也能輕鬆大口咬，
屬於滋味輕盈的貝果。

● **材料（直徑8cm的貝果6個份）**

高筋麵粉…280g
低筋麵粉…20g
黍砂糖…2大匙
鹽…1小匙
乾酵母…½小匙（2g）
水…165g

＊水溫的基準為春秋30℃、冬天35℃（皆為溫水），夏天則是20℃。54℃－室溫＝最適合的水溫。

1 揉製麵團

將麵粉類、黍砂糖與鹽倒入調理盆中，用橡皮刮刀攪拌混合，加入乾酵母混合之後再倒入水。

用橡皮刮刀攪拌至麵粉與水完全融合後，在調理盆中輕輕揉捏至麵粉結塊消失即可。

將材料聚攏成團，蓋上濕布醒麵10分鐘。

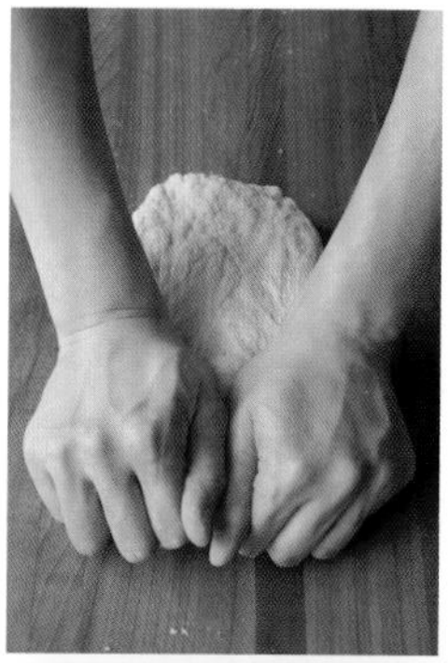

取出麵團置於揉麵台上，用手反覆「往內折疊、向外延展」的揉麵動作。邊揉邊旋轉90度改變方向，揉捏3分鐘左右。

2 分割&靜置鬆弛（30分鐘）

用刮板以放射狀切成6等分，延展出平滑的表面後整圓，並排在揉麵台上，覆蓋濕布靜置鬆弛30分鐘。

3 成形&二次發酵（60分鐘左右）

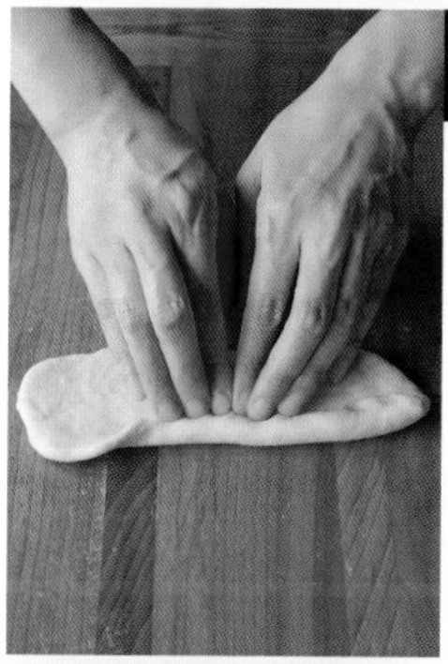

參照P.10塑形成橢圓狀，用擀麵棍擀成18cm長，從邊端緊緊捲起3～4圈後捏緊收口處。

用雙手滾動，利用掌心把一端壓平，並將壓平的部分覆蓋在另一端上，接合成環狀。

在烤盤上鋪上烘焙紙並撒上手粉（高筋麵粉・分量外），將麵團並排在上方，蓋上濕布。

靜置於溫暖處（參照P.11），讓麵團發酵膨脹至2倍的大小。

＊在室溫20℃下發酵約60分鐘

4 水煮後烘烤

在平底鍋中煮沸熱水，將貝果麵團全部放入，利用鍋鏟壓入水中，以中火煮1分鐘。

瀝乾熱水，拍掉烘焙紙上的麵粉之後放上貝果麵團，以預熱至200℃的烤箱烘烤15～16分鐘。

1 葡萄乾核桃貝果

將香氣馥郁的核桃混入麵團中，
並在裡面包入用熱水泡軟的葡萄乾。
拜核桃顆粒的口感所賜，
隱約帶有一點粗獷感。
葡萄乾若是露出表面會烤焦，
一定要確實包捲起來！

⬇ 作法見P.22

2 可可奶油乳酪貝果

在混入微苦可可粉的麵團中，
包入滿滿濃郁的奶油乳酪。
烘烤前撒上黍砂糖是帶出味道的重點。
奶油乳酪不適合冷凍保存，
因此烤好後就大口大口地享用吧！

⬇ 作法見P.23

3 花生醬貝果

用麵團包覆帶有顆粒的花生醬，
烤好後再撒上一些粗鹽增添口感層次。
使用無顆粒的花生醬也ＯＫ。
直接吃當然就很好吃，
沾上楓糖漿品嚐也美味不已。

⬇作法見P.24

4 黑糖黃豆粉貝果

在麵團裡添加黃豆粉與黑糖，
並在裡面包入黑糖，再撒上黃豆粉烘烤。
這款貝果可以享受到
濃郁的甜味與香氣。

⬇作法見P.25

5 巧克力黑胡椒貝果

巧克力搭配黑胡椒？
有些人可能會覺得這種組合很奇怪，
不過請試吃一次看看。
這是令人回味無窮的好滋味。
如果覺得胡椒味太強烈，請酌量減少。

⬇作法見P.25

6 抹茶奶油乳酪貝果

帶有抹茶微苦滋味的麵團，
搭配味道深濃的奶油乳酪堪稱絕配。
如果要當作點心品嚐，
上面擺些顆粒紅豆餡感覺也很不錯！

作法見P.26

7 葡萄乾加工乳酪貝果

雖然這意外的組合
令人驚訝，
但味道卻不可思議地契合。
以熱水洗過的葡萄乾，
請確實拭乾水分，
再連同乳酪一起包入麵團中。

作法見P.26

8 咖啡白巧克力貝果

邊啜飲咖啡邊享用點心，
這款貝果是想像著這樣的畫面製作而成。
略微融化的巧克力內餡，
以及表面微焦的巧克力都美味無比。
用稍低的溫度烘烤，
是避免巧克力烤得太焦的訣竅。

⬇ 作法見P.27

1 葡萄乾核桃貝果

扎實貝果

●材料（直徑8cm的貝果6個份）

高筋麵粉…300g
黍砂糖…1大匙
鹽…1小匙
乾酵母…½小匙（2g）
水…165g

葡萄乾…60g＊
核桃…30g＊＊

＊用熱水器的熱水（40℃左右）快速清洗，再以廚房紙巾拭乾水分（參照P.26）
＊＊用手剝成小塊，再用平底鍋以小火乾煎

●作法

1 將麵粉、黍砂糖與鹽倒入調理盆中，用橡皮刮刀攪拌混合，再依乾酵母⇒水的順序加入混拌。在調理盆中輕輕揉捏後，將材料聚攏成團，蓋上濕布醒麵10分鐘。

2 將麵團置於揉麵台上，揉捏至表面變得滑順為止（3分鐘）。用刮板切成8等分後放入調理盆中，加入核桃輕輕揉捏混合。用刮板切成6等分，整圓後並排在揉麵台上，覆蓋濕布靜置鬆弛30分鐘。

3 將麵團翻面後塑形成橢圓狀，用擀麵棍擀成18cm長，平均擺放上葡萄乾後，從邊端緊緊地捲起並捏緊收口處。用雙手滾動，將一端壓平，扭轉6圈後覆蓋在另一端上，接合成環狀。

4 在烤盤上鋪上烘焙紙並撒上手粉（高筋麵粉・分量外），將麵團並排在上方，蓋上濕布，靜置於溫暖處讓麵團發酵膨脹至1.5倍的大小（40分鐘左右）。

5 在平底鍋中煮沸熱水，將貝果麵團全部放入並利用鍋鏟壓入水中，以中火煮1分鐘。徹底瀝乾熱水後置於烘焙紙上，以預熱至210℃的烤箱烘烤14～15分鐘。

要混合核桃時，先用刮板將麵團切成8等分，放入調理盆中，再加入核桃用手輕柔地揉捏。

將麵團用擀麵棍擀成18cm長，在上半部平均擺放上葡萄乾。

緊緊地往內捲一圈，以手指用力按壓使其確實黏合。

重複此動作3～4次，將餡料包捲起來。最後用手指捏緊收口處。

2 可可奶油乳酪貝果

Q彈貝果

● **材料（直徑8㎝的貝果6個份）**

高筋麵粉…300g
可可粉…1大匙
黍砂糖…1大匙
鹽…1小匙
乾酵母…½小匙（2g）
成分調整豆漿…195g
—奶油乳酪（恢復至室溫）…60g
—最後潤飾用的黍砂糖…適量

● **作法**

1 將麵粉、可可粉、黍砂糖與鹽倒入調理盆中，用橡皮刮刀攪拌混合，再依乾酵母⇒豆漿的順序加入混拌。在調理盆中輕輕揉捏後，將材料聚攏成團，蓋上濕布醒麵10分鐘。

2 將麵團置於揉麵台上，揉捏至表面變得滑順為止（3分鐘）。用刮板切成6等分，整圓後並排在揉麵台上，覆蓋濕布靜置鬆弛30分鐘。

3 將麵團翻面後塑形成橢圓狀，用擀麵棍擀成18㎝長，把奶油乳酪平均塗在麵皮上，從邊端緊緊地捲起並捏緊收口處。用雙手滾動，將一端壓平，扭轉3圈後覆蓋在另一端上，接合成環狀。

4 在烤盤上鋪上烘焙紙並撒上手粉（高筋麵粉，分量外），將麵團並排在上方，蓋上濕布，靜置於溫暖處讓麵團發酵膨脹至1.5倍的大小（60分鐘左右）。

5 在平底鍋中煮沸熱水，將貝果麵團全部放入並利用鍋鏟壓入水中，以中火煮1分鐘。徹底瀝乾熱水後置於烘焙紙上，撒上黍砂糖，以預熱至210℃的烤箱烘烤14～15分鐘。

將麵團用擀麵棍擀成18㎝長，在上半部用湯匙平均塗上奶油乳酪。

緊緊地往內捲一圈，以手指用力按壓使其確實黏合，重複此動作3～4次後，包捲起來。

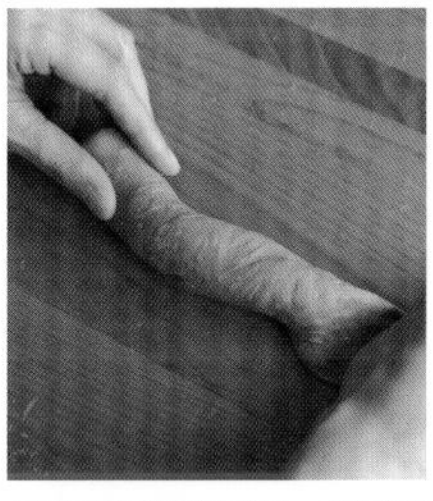

用手指捏緊收口處，利用掌心將一端壓平，扭轉3圈後接合成環狀。

將貝果麵團水煮之後瀝乾熱水，置於烤盤上，撒上黍砂糖後進行烘烤。撒多一點會比較美味。

3 花生醬貝果

Q彈貝果

● **材料（直徑8cm的貝果6個份）**

高筋麵粉…300g
黍砂糖…1大匙
鹽…1小匙
乾酵母…½小匙（2g）
成分調整豆漿…185g
花生醬（微糖・帶有顆粒）…60g
最後潤飾用的粗鹽…適量

● **作法**

1 將麵粉、黍砂糖與鹽倒入調理盆中，用橡皮刮刀攪拌混合，再依乾酵母⇓豆漿的順序加入混拌。在調理盆中輕輕揉捏之後，將材料聚攏成團，蓋上濕布醒麵10分鐘。

2 將麵團置於揉麵台上，揉捏至表面變得滑順為止（3分鐘）。用刮板切成6等分，整圓後並排在揉麵台上，覆蓋濕布靜置鬆弛30分鐘。

3 將麵團翻面後塑形成橢圓狀，用擀麵棍擀成18cm長，把花生醬平均塗在麵皮上，從邊端緊緊地捲起並捏緊收口處。用雙手滾動，將一端壓平，扭轉3圈後覆蓋在另一端上，接合成環狀。

4 在烤盤上鋪上烘焙紙並撒上手粉（高筋麵粉・分量外），將麵團並排在上方，蓋上濕布，靜置於溫暖處讓麵團發酵膨脹至1.5倍的大小（60分鐘左右）。

5 在平底鍋中煮沸熱水，將貝果麵團全部放入並利用鍋鏟壓入水中，以中火煮1分鐘。徹底瀝乾熱水後置於烘焙紙上，撒上粗鹽，以預熱至210℃的烤箱烘烤14～15分鐘。

花生醬是使用超市很常見的「SKIPPY」品牌。特別推薦口感與香氣俱佳的香脆顆粒口味。

將麵團用擀麵棍擀成18cm長，在上半部塗上花生醬。塗抹時在兩端預留約2cm的長度，之後內餡才不會溢出。

將貝果麵團水煮後瀝乾熱水，置於烤盤上，撒上粗鹽後進行烘烤。這份鹹味可增添味道的層次。

4 黑糖黃豆粉貝果

扎實貝果

● **材料（直徑8cm的貝果6個份）**

高筋麵粉…300g
黃豆粉…2大匙
黑糖粉…1大匙
鹽…1小匙
乾酵母…½小匙（2g）
水…170g

黑糖粉…2大匙
最後潤飾用的黃豆粉…2大匙

● **作法**

1 將麵粉、黃豆粉、黑糖與鹽倒入調理盆中，用橡皮刮刀攪拌混合，再依乾酵母⇒水的順序加入混拌。在調理盆中輕輕揉捏後，將材料聚攏成團，蓋上濕布醒麵10分鐘。

2～5 作法同右頁。步驟**3**的花生醬改為各放上1小匙的黑糖，包捲起來並扭轉6圈，接合成環狀。步驟**4**的發酵時間為40分鐘左右。步驟**5**的粗鹽改為各撒上1小匙的黃豆粉之後進行烘烤。

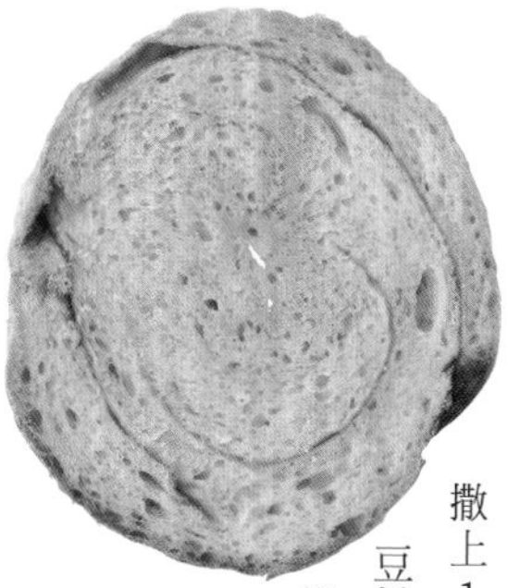

將紅甘蔗汁熬煮製成黑糖。由於很容易受潮結塊，使用前請先用手指壓碎成粉末。

將貝果麵團水煮後置於烤盤上，各撒上1小匙黃豆粉後進行烘烤。撒多一點會比較美味。

5 巧克力黑胡椒貝果

扎實貝果

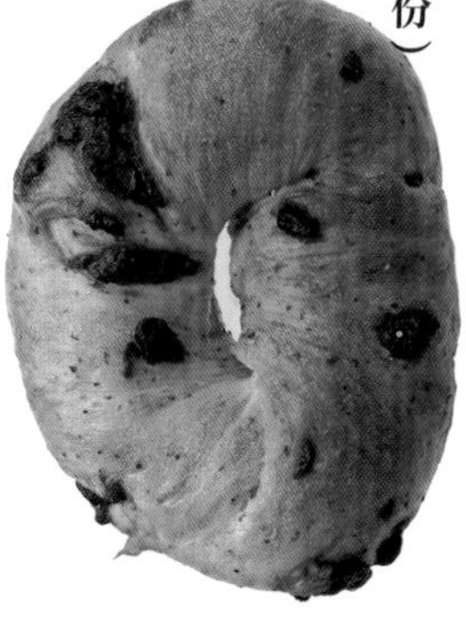

● **材料（直徑8cm的貝果6個份）**

高筋麵粉…300g
粗磨黑胡椒…2小匙
黍砂糖…1大匙
鹽…1小匙
乾酵母…½小匙（2g）
水…165g
巧克力磚…1片（50g）＊

＊用手剝成5mm的塊狀

● **作法**

1 將麵粉、黑胡椒、黍砂糖與鹽倒入調理盆中，用橡皮刮刀攪拌混合，再依乾酵母⇒水的順序加入混拌。接下來的作法同右頁。

2 將麵團置於揉麵台上，揉捏至表面變得滑順為止（3分鐘）。用刮板切成8等分後放入調理盆中，加入巧克力輕輕揉捏混合。用刮板切成6等分，整圓後並排在揉麵台上，覆蓋濕布靜置鬆弛30分鐘。

3～5 作法同右頁（無步驟**3**的花生醬與步驟**5**的粗鹽）。扭轉6圈後接合成環狀，步驟**4**的發酵時間為40分鐘左右。

用手將巧克力磚剝成小塊，混入整體麵團中。以5mm左右的大小為基準。

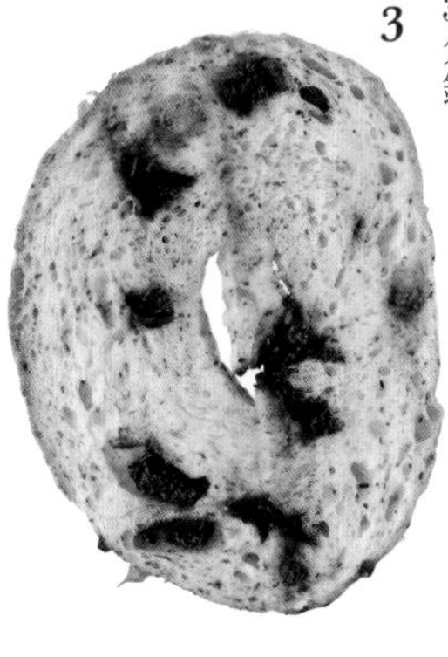

6 抹茶奶油乳酪貝果

鬆軟貝果

● 材料（直徑8cm的貝果6個份）

高筋麵粉…280g
低筋麵粉…20g
抹茶粉…1大匙
黍砂糖…2大匙
鹽…1小匙
乾酵母…½小匙（2g）
水…170g
奶油乳酪（撕成小塊）…90g

● 作法

1～2 將麵粉類、抹茶粉、黍砂糖與鹽倒入調理盆中，用橡皮刮刀攪拌混合，再依乾酵母⇒水的順序加入混拌。接下來的作法同左頁。

3 作法同左頁。將巧克力更換成奶油乳酪，平均擺放在麵皮上後捲起，將一端壓平，不必扭轉直接覆蓋在另一端上，接合成環狀。

4～5 作法同左頁。讓麵團發酵膨脹至2倍大（60分鐘左右），無步驟**5**的巧克力。以200℃的烤箱烘烤15～16分鐘。

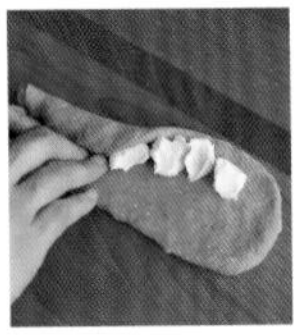

將麵團用擀麵棍擀開後，在上半部平均擺放上奶油乳酪，緊緊地往內捲一圈並用手指按壓。重複此動作3～4次後，包捲起來。

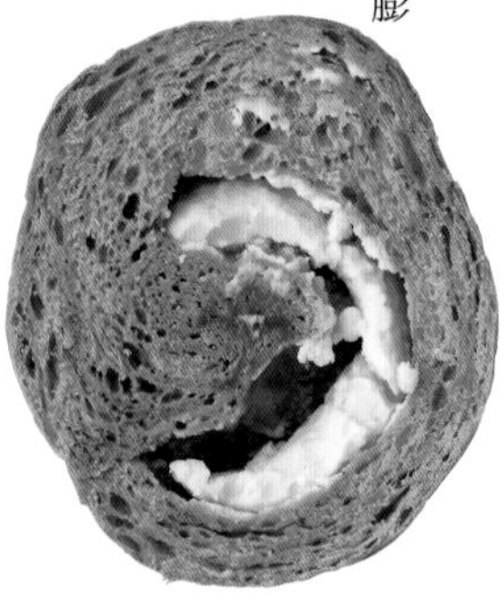

7 葡萄乾加工乳酪貝果

Q彈貝果

● 材料（直徑8cm的貝果6個份）

高筋麵粉…300g
肉豆蔻粉…½小匙
黍砂糖…1大匙
鹽…1小匙
乾酵母…½小匙（2g）
成分調整豆漿…185g
葡萄乾…60g*
加工乳酪（切成1cm的小丁）…60g

*用熱水器的熱水（40℃左右）快速清洗，再以廚房紙巾拭乾水分

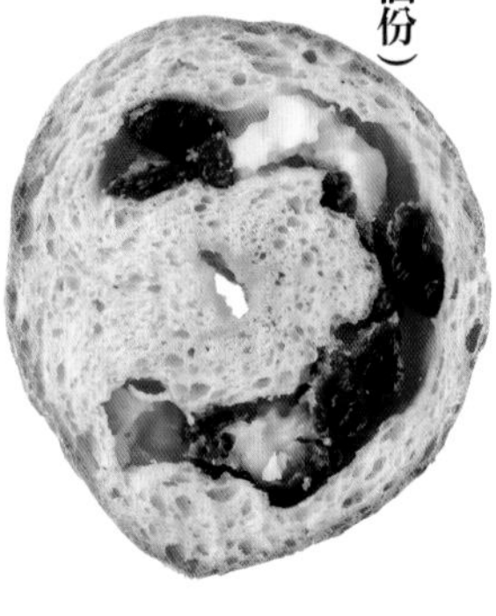

● 作法

1～2 將麵粉、肉豆蔻粉、黍砂糖與鹽倒入調理盆中，用橡皮刮刀攪拌混合，再依乾酵母⇒豆漿的順序加入混拌。接下來的作法同左頁。

3 將麵團翻面後塑形成橢圓狀，用擀麵棍擀成18cm長，平均擺放上葡萄乾與乳酪後，從邊端緊緊地捲起並捏緊收口處。用雙手滾動，將一端壓平，扭轉3圈後接合成環狀。

4～5 作法同左頁（無步驟**5**的巧克力）。以210℃的烤箱烘烤14～15分鐘。

葡萄乾先以熱水快速清洗，變軟之後加入麵團中。用熱水器倒出的熱水（40℃左右）即可。

8 咖啡白巧克力貝果

Q彈貝果

●材料（直徑8㎝的貝果6個份）

高筋麵粉…300g
黍砂糖…1大匙
鹽…1小匙
乾酵母…½小匙（2g）
成分調整豆漿…195g＊
即溶咖啡（顆粒）…1大匙＊
白巧克力磚（切成粗末）…2片（90g）
＊混合溶解備用

●作法

1 將麵粉、黍砂糖與鹽倒入調理盆中，用橡皮刮刀攪拌混合，再依乾酵母⇓豆漿＋咖啡的順序加入混拌。在調理盆中輕輕揉捏後，將材料聚攏成團，蓋上濕布醒麵10分鐘。

2 將麵團置於揉麵台上，揉捏至表面變得滑順為止（3分鐘）。用刮板切成6等分，整圓後並排在揉麵台上，覆蓋濕布靜置鬆弛30分鐘。

3 將麵團翻面後塑形成橢圓狀，用擀麵棍擀成18㎝長，取⅔量的巧克力平均擺放在麵皮上，從邊端緊緊地捲起並捏緊收口處。用雙手滾動，將一端壓平，扭轉3圈後覆蓋在另一端上，接合成環狀。

4 在烤盤上鋪上烘焙紙並撒上手粉（高筋麵粉，分量外），將麵團並排在上方，蓋上濕布，靜置於溫暖處讓麵團發酵膨脹至1.5倍的大小（60分鐘左右）。

5 在平底鍋中煮沸熱水，將貝果麵團全部放入並利用鍋鏟壓入水中，以中火煮1分鐘。徹底瀝乾熱水後置於烘焙紙上，在表面鋪上剩下的巧克力，以預熱至190℃的烤箱烘烤14～15分鐘。

巧克力是使用十分方便的「Ghana」巧克力磚。1片45g，準備2片，用刀子切成粗末後使用。

將即溶咖啡加入豆漿中溶解備用。以此作為水分加入麵團中揉麵。我最愛用的是「Blendy」牌的咖啡。

將貝果麵團水煮後置於烤盤上，在表面鋪上剩下的巧克力粗末進行烘烤。巧克力會變得焦脆，烤好的貝果則香氣四溢。

9 無花果奶油乳酪貝果

想必有不少人喜歡這種組合吧？
無花果乾只要先灑些水，
口感就會變得蓬鬆柔軟。
只要下一點工夫，
就可以大大提升美味度。

⬇ 作法見P.34

10 可可芒果貝果

芒果乾搭配可可，
配色十分可愛的一款貝果。
訣竅在於將芒果乾切碎再加入混合。
也很推薦撒上黍砂糖來烘烤。

⬇ 作法見P.34

11 胡蘿蔔肉桂貝果

將100%純胡蘿蔔汁與肉桂粉互相混合，即可完成這款帶有胡蘿蔔色的貝果。在中間抹上混入優格的乳酪醬夾起來，更是別有一番滋味。

⬇ 作法見P.35

12 鹽昆布芝麻貝果

這種配料簡直就像飯糰的組合，
搭配樸實的麵團再適合不過了。
我因自己的喜好而撒了大量白芝麻，
不過用手指撒上少許芝麻，
也能呈現截然不同的風貌。

↓作法見P.36

13 味噌黑芝麻貝果

在加了一粒粒黑芝麻的麵團裡，
包覆的內餡正是冰箱常見的味噌。
這款和風貝果慢慢滲出的味噌鹹味十分美味。

⬇ 作法見P.37

14 青海苔貝果

加了青海苔的貝果，美味得令人驚豔。
讓人再次切身感受到青海苔的迷人香氣。
也可以在表面撒上乳酪粉烘烤喔！

⬇ 作法見P.37

15 德國小香腸羅勒貝果

將熱狗堡專用的德國小香腸
用擀成細長狀的麵團捲起來烘烤。
這款貝果的羅勒香氣引人食慾大開，
請依個人喜好增加羅勒的用量。

⬇ 作法見P.38

16 德國小香腸乳酪貝果

德國小香腸與乳酪堪稱絕配，
毫無疑問是最佳組合！
在麵團裡加入乳酪粉，烤好後也撒上大量潤飾。
混合少許黑胡椒也很美味。

⬇ 作法見P.38

17 馬鈴薯芥末籽醬貝果

在麵皮上塗抹芥末籽醬，
再擺放蒸好的馬鈴薯包捲起來。
馬鈴薯與芥末是很常見的搭配，
不過芥末籽醬的香氣分外突出，
形成不可思議的全新滋味。

↓作法見P.39

9 無花果奶油乳酪貝果

鬆軟貝果

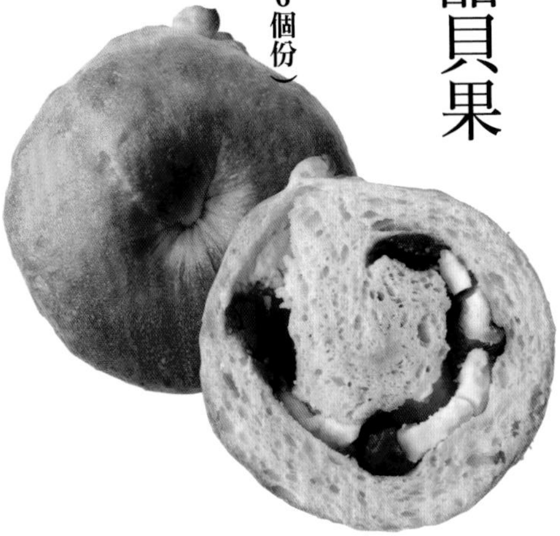

● **材料**（直徑8cm的貝果6個份）

高筋麵粉…280g
低筋麵粉…20g
黍砂糖…2大匙
鹽…1小匙
乾酵母…½小匙（2g）
水…165g
無花果乾…60g*
奶油乳酪（撕成小塊）…60g

*切成1.5cm的塊狀後，撒上1小匙的水

● **作法**

1~2 將麵粉類、黍砂糖與鹽倒入調理盆中，用橡皮刮刀攪拌混合，再依乾酵母⇒水的順序加入混拌。接下來的作法同左頁。

3 將麵團翻面後塑形成橢圓狀，用擀麵棍擀成18cm長，平均擺放上無花果乾與奶油乳酪後，從邊端緊緊地捲起並捏緊收口處。用雙手滾動，將一端壓平後覆蓋在另一端上，接合成環狀。

4~5 作法同左頁。讓麵團發酵膨脹至2倍的大小（60分鐘左右）之後，以200℃的烤箱烘烤15~16分鐘。

將無花果乾切成1.5cm的塊狀後，灑水使其變軟。若維持乾燥狀態會吸收麵團的水分，導致烤好的貝果變硬，須特別注意。

將麵團擀開之後，在上半部平均擺放上無花果乾與奶油乳酪。緊緊地往內捲一圈並用手指按壓，重複此動作將麵皮捲起。

10 可可芒果貝果

Q彈貝果

● **材料**（直徑8cm的貝果6個份）

高筋麵粉…300g
可可粉…1大匙
黍砂糖…1大匙
鹽…1小匙
乾酵母…½小匙（2g）
成分調整豆漿…190g
芒果乾（切碎）…50g

● **作法**

1 將麵粉、可可粉、黍砂糖與鹽倒入調理盆中，用橡皮刮刀攪拌混合，再依乾酵母⇒豆漿的順序加入混拌。在調理盆中輕輕揉捏後，將材料聚攏成團，蓋上濕布醒麵10分鐘。

2 將麵團置於揉麵台上，揉捏至表面變得滑順為止（3分鐘）。用刮板切成8等分後放入調理盆中，加入芒果乾輕輕揉捏混合。用刮板切成6等分，整圓後並排在揉麵台上，覆蓋濕布靜置鬆弛30分鐘。

3~5 作法同左頁。扭轉3圈之後接合成環狀，步驟**4**的發酵時間為60分鐘左右。

為了易於混入麵團中，先將芒果乾切碎後再加入。「芒果乾（菲律賓產）」（富）→購買處請見P.88

將麵團用刮板切成8等分後放入調理盆中，加入切碎的芒果乾用手輕柔地揉捏，使整體混合均勻即可。

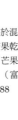

11 胡蘿蔔肉桂貝果

扎實貝果

●材料（直徑8㎝的貝果6個份）
高筋麵粉…300g
肉桂粉…1小匙
黍砂糖…1大匙
鹽…1小匙
乾酵母…½小匙（2g）
胡蘿蔔汁…175g
奶油乳酪（恢復至室溫）…100g*
原味優格…1大匙*
黍砂糖…1大匙*
*混合備用

●作法

1 將麵粉、肉桂粉、黍砂糖與鹽倒入調理盆中，用橡皮刮刀攪拌混合，再依乾酵母⇒胡蘿蔔汁的順序加入混拌。在調理盆中輕輕揉捏後，將材料聚攏成團，蓋上濕布醒麵10分鐘。

2 將麵團置於揉麵台上，揉捏至表面變得滑順為止（3分鐘）。用刮板切成6等分，整圓後並排在揉麵台上，覆蓋濕布靜置鬆弛30分鐘。

3 將麵團翻面後塑形成橢圓狀，用擀麵棍擀成18㎝長，從邊端緊緊地捲起並捏緊收口處。用雙手滾動，將一端壓平，扭轉6圈後覆蓋在另一端上，接合成環狀。

4 在烤盤上鋪上烘焙紙並撒上手粉（高筋麵粉．分量外），將麵團並排在上方，蓋上濕布，靜置於溫暖處讓麵團發酵膨脹至1.5倍的大小（40分鐘左右）。

5 在平底鍋中煮沸熱水，將貝果麵團全部放入並利用鍋鏟壓入水中，以中火煮1分鐘。徹底瀝乾熱水後置於烘焙紙上，以預熱至210℃的烤箱烘烤14～15分鐘。放涼後橫切對半，在中間抹上拌勻的乳酪醬夾起來。

使用100%純胡蘿蔔果汁，且未添加砂糖與食鹽的「充實蔬菜胡蘿蔔100%」。

在麵粉類的中央挖一個凹洞，倒入胡蘿蔔汁後用橡皮刮刀攪拌混合，接著揉捏麵團。如此便能完成散發胡蘿蔔香氣的麵團。

將奶油乳酪、優格與黍砂糖用湯匙等攪拌混合，製成乳酪醬，待貝果冷卻後塗抹在切面上夾起來。

12 鹽昆布芝麻貝果

扎實貝果

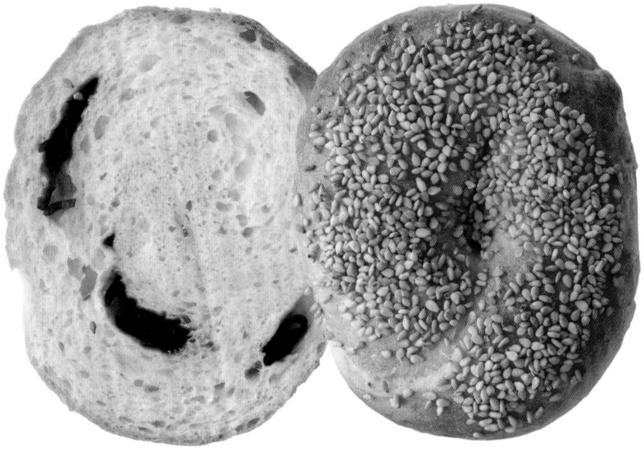

●材料（直徑8cm的貝果6個份）

高筋麵粉…300g
黍砂糖…1大匙
鹽…1小匙
乾酵母…½小匙（2g）
水…165g
鹽昆布…2大匙
最後潤飾用的炒白芝麻…2大匙

●作法

1 將麵粉、黍砂糖與鹽倒入調理盆中，用橡皮刮刀攪拌混合，再依乾酵母⇒水的順序加入混拌。在調理盆中輕輕揉捏後，將材料聚攏成團，蓋上濕布醒麵10分鐘。

2 將麵團置於揉麵台上，揉捏至表面變得滑順為止（3分鐘）。用刮板切成6等分，整圓後並排在揉麵台上，覆蓋濕布靜置鬆弛30分鐘。

3 將麵團翻面後塑形成橢圓狀，用擀麵棍擀成18cm長，平均擺放上鹽昆布後，從邊端緊緊地捲起並捏緊收口處。用雙手滾動，將一端壓平，扭轉6圈後覆蓋在另一端上，接合成環狀。

4 在烤盤上鋪上烘焙紙並撒上手粉（高筋麵粉．分量外），將麵團並排在上方，蓋上濕布，靜置於溫暖處讓麵團發酵膨脹至1.5倍的大小（40分鐘左右）。

5 在平底鍋中煮沸熱水，將貝果麵團全部放入並利用鍋鏟壓入水中，以中火煮1分鐘。徹底瀝乾熱水後置於烘焙紙上，撒上白芝麻，以預熱至210℃的烤箱烘烤14～15分鐘。

將麵團用擀麵棍擀成18cm長，在上半部平均擺放上鹽昆布。

緊緊地往內捲一圈，以手指用力按壓使其確實黏合。

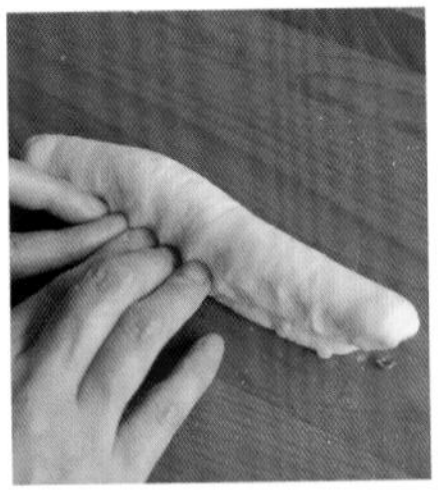

重複此動作3～4次，將餡料包捲起來。最後用手指捏緊收口處。

將貝果麵團水煮後置於烤盤上，各撒上1小匙的炒白芝麻後進行烘烤。撒多一點會比較美味。

13 味噌黑芝麻貝果

扎實貝果

●材料（直徑8㎝的貝果6個份）

高筋麵粉…300g
炒黑芝麻…2大匙
黍砂糖…1大匙
鹽…1小匙
乾酵母…½小匙（2g）
水…165g
味噌…1大匙

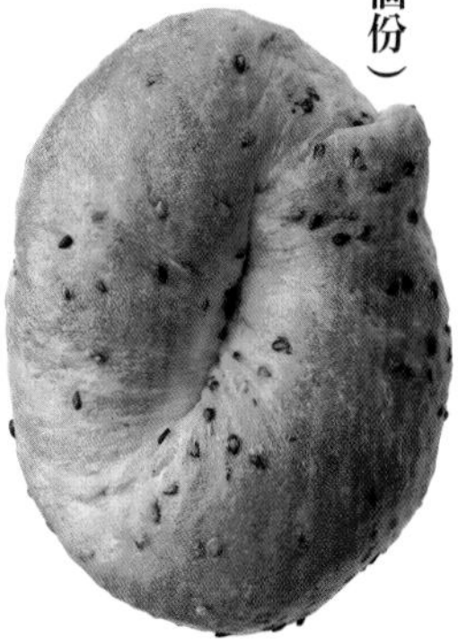

●作法

1～2 將麵粉、黑芝麻、黍砂糖與鹽倒入調理盆中，用橡皮刮刀攪拌混合，再依乾酵母⇒水的順序加入混拌。接下來的作法同右頁。

3 將麵團翻面後塑形成橢圓狀，用擀麵棍擀成18㎝長，平均塗抹上味噌後，從邊端緊緊地捲起並捏緊收口處。用雙手滾動，將一端壓平，扭轉6圈後覆蓋在另一端上，接合成環狀。

4～5 作法同右頁（無步驟**5**的白芝麻）。

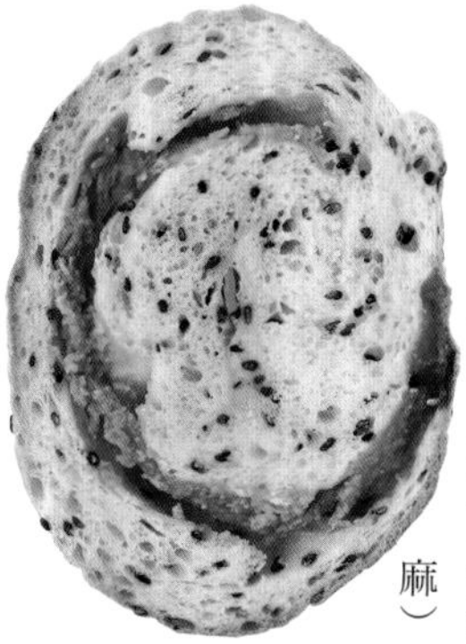

將麵團用擀麵棍擀開之後，在上半部各塗抹上½小匙的味噌。

緊緊地往內捲一圈，以手指用力按壓使其確實黏合，重複此動作3～4次後，包捲起來。最後用手指捏緊收口處。

14 青海苔貝果

扎實貝果

●材料（直徑8㎝的貝果6個份）

高筋麵粉…300g
青海苔粉…2大匙
白芝麻粉…1大匙
黍砂糖…1大匙
鹽…1小匙
乾酵母…½小匙（2g）
水…165g

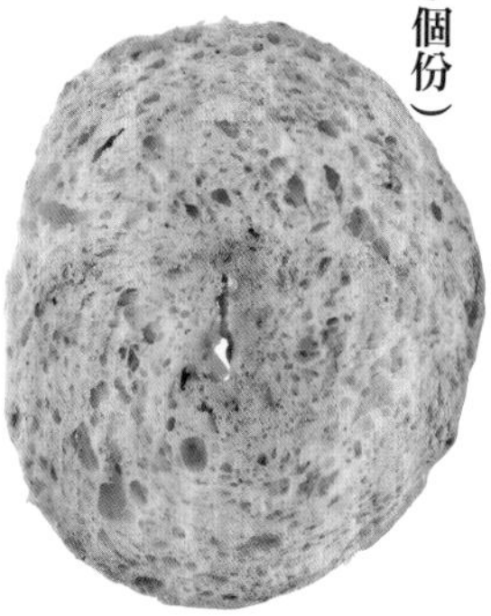

●作法

1 將麵粉、青海苔粉、白芝麻粉、黍砂糖與鹽倒入調理盆中，用橡皮刮刀攪拌混合，再依乾酵母⇒水的順序加入混拌。在調理盆中輕輕揉捏後，將材料聚攏成團，蓋上濕布醒麵10分鐘。

2～3 作法同右頁（無步驟**3**的鹽昆布）。

4 在烤盤上鋪上烘焙紙並撒上手粉（高筋麵粉，分量外），將麵團並排在上方，蓋上濕布，靜置於溫暖處讓麵團發酵膨脹至1.5倍的大小（40分鐘左右）。

5 在平底鍋中煮沸熱水，將貝果麵團全部放入並利用鍋鏟壓入水中，以中火煮1分鐘。徹底瀝乾熱水之後置於烘焙紙上，以預熱至210℃的烤箱烘烤14～15分鐘。

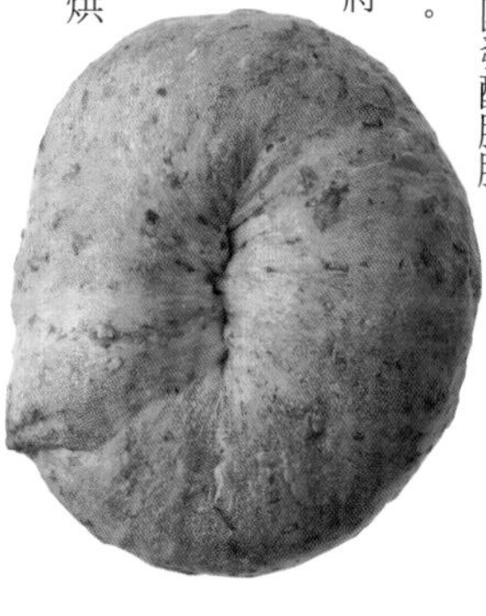

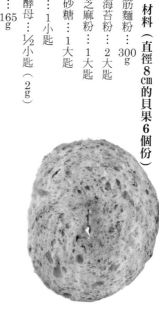

15 德國小香腸羅勒貝果

鬆軟貝果

●**材料（長度11cm的貝果8個份）**

高筋麵粉…280g
低筋麵粉…20g
羅勒（乾燥）…1大匙
黍砂糖…2大匙
鹽…1小匙
乾酵母…½小匙（2g）
水…165g
熱狗堡專用的德國小香腸…8根

●**作法**

1 將麵粉類、羅勒、黍砂糖與鹽倒入調理盆中，用橡皮刮刀攪拌混合，再依乾酵母⇒水的順序加入混拌。在調理盆中輕輕揉捏後，將材料聚攏成團，蓋上濕布醒麵10分鐘。

2 將麵團置於揉麵台上，揉捏至表面變得滑順為止（3分鐘）。用刮板切成8等分，整圓後並排在揉麵台上，覆蓋濕布靜置鬆弛30分鐘。

3 將麵團翻面後塑形成橢圓狀，用擀麵棍擀成20cm長，從邊端緊緊地捲起並捏緊收口處。用雙手滾動，將麵團延展成25cm長，捲繞在德國小香腸上，最後用手指捏緊收口處。

4 在烤盤上鋪上烘焙紙並撒上手粉（高筋麵粉・分量外），將麵團並排在上方，蓋上濕布，靜置於溫暖處讓麵團發酵膨脹至2倍的大小（60分鐘左右）。

5 在平底鍋中煮沸熱水，將貝果麵團全部放入並利用鍋鏟壓入水中，以中火煮1分鐘。徹底瀝乾熱水後置於烘焙紙上，以預熱至200℃的烤箱烘烤15～16分鐘。

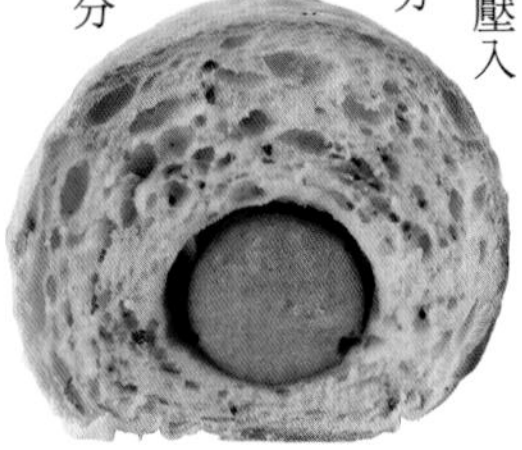

將麵團滾動延展成25cm長，在德國小香腸上繞捲3圈左右。選用長度10～13cm的小香腸。

用手指捏緊收口處使其確實黏合。要牢牢地固定，以免水煮的時候麵團脫落。

16 德國小香腸乳酪貝果

鬆軟貝果

●**材料（長度11cm的貝果8個份）**

高筋麵粉…280g
低筋麵粉…20g
乳酪粉…2大匙
黍砂糖…2大匙
鹽…1小匙
乾酵母…½小匙（2g）
水…165g
熱狗堡專用的德國小香腸…8根
最後潤飾用的乳酪粉…4小匙

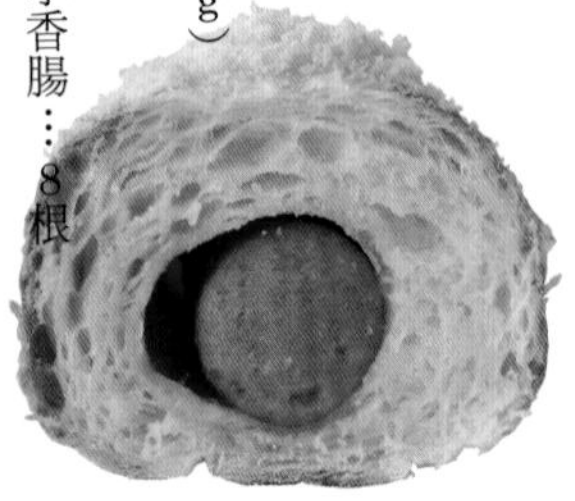

●**作法**

1 將麵粉類、乳酪粉、黍砂糖與鹽倒入調理盆中，用橡皮刮刀攪拌混合，再依乾酵母⇒水的順序加入混拌。在調理盆中輕輕揉捏後，將材料聚攏成團，蓋上濕布醒麵10分鐘。

2～4 作法同上。

5 在平底鍋中煮沸熱水，將貝果麵團全部放入並利用鍋鏟壓入水中，以中火煮1分鐘。徹底瀝乾熱水後置於烘焙紙上，撒上乳酪粉，以預熱至200℃的烤箱烘烤15～16分鐘。

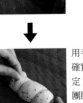

17 馬鈴薯芥末籽醬貝果

Q彈貝果

●材料（直徑8㎝的貝果6個份）

高筋麵粉…300g
黍砂糖…1大匙
鹽…1小匙
乾酵母…½小匙（2g）
成分調整豆漿…185g
—馬鈴薯…½個（淨重60g）＊
—芥末籽醬…1大匙

＊削皮切成1㎝的小丁後，蒸5分鐘左右

●作法

1 將麵粉、黍砂糖與鹽倒入調理盆中，用橡皮刮刀攪拌混合，再依乾酵母⇒豆漿的順序加入混拌。在調理盆中輕輕揉捏之後，將材料聚攏成團，蓋上濕布醒麵10分鐘。

2 將麵團置於揉麵台上，揉捏至表面變得滑順為止（3分鐘）。用刮板切成6等分，整圓後並排在揉麵台上，覆蓋濕布靜置鬆弛30分鐘。

3 將麵團翻面後塑形成橢圓狀，用擀麵棍擀成18㎝長，各塗抹上½小匙的芥末籽醬後，平均擺放上馬鈴薯丁，從邊端緊緊地捲起並捏緊收口處。用雙手滾動，將一端壓平，扭轉3圈後覆蓋在另一端上，接合成環狀。

4 在烤盤上鋪上烘焙紙並撒上手粉（高筋麵粉．分量外），將麵團並排在上方，蓋上濕布，靜置於溫暖處讓麵團發酵膨脹至1.5倍的大小（60分鐘左右）。

5 在平底鍋中煮沸熱水，將貝果麵團全部放入並利用鍋鏟壓入水中，以中火煮1分鐘。徹底瀝乾熱水後置於烘焙紙上，以預熱至210℃的烤箱烘烤14～15分鐘。

在麵皮的上半部塗上芥末籽醬，再擺放上馬鈴薯丁。塗抹時在兩端預留約2㎝的長度，之後內餡才不會溢出。

緊緊地往內捲一圈，以手指用力按壓使其確實黏合。

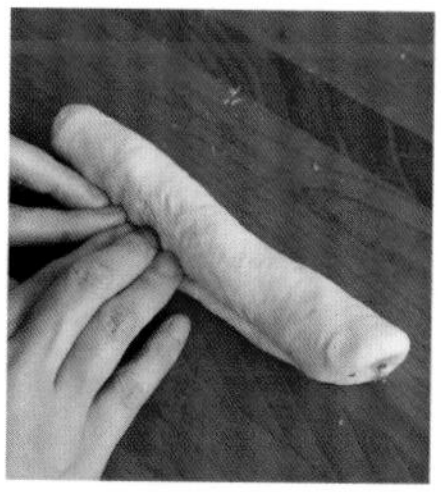

重複此動作3～4次，將餡料包捲起來。

最後用手指捏緊收口處。由於接下來還會用烤箱烘烤，因此馬鈴薯蒸得稍硬一點也OK。

18 金時豆貝果

將蜜金時豆擺放在麵皮上，捲起來烘烤，
不但味道美味，切面也十分可愛。
烤好後豪邁地放上一大塊奶油，
品嚐起來會更加可口。

➡ 作法見P.46

19 全麥麵粉紅豆餡貝果

混合全麥麵粉的麵團香氣四溢，
用來包捲味道濃郁可口的顆粒紅豆餡。
使用豆沙餡來製作當然也ＯＫ。
若是紅豆餡的量太多會變得難以包捲，
請特別留意。

⬇ 作法見P.46

20 紅茶加州梅貝果

我在構思紅茶麵包的食譜時，
想像了最適合搭配純紅茶的素材。
這次決定添加口感柔軟的加州梅。
紅茶請選擇茶葉較細碎的茶包。
茶葉的種類不拘。

作法見P.47

21 蜜糖蘋果貝果

包在麵包裡的蘋果必須煮出甜滋滋的味道。
大家是不是都這麼認為呢？其實包入新鮮的蘋果
可以保留清脆的口感，同樣也十分美味。
撒上黍砂糖補足甜度，再於表面撒上肉桂粉。
不愛肉桂的人不加也沒關係。

⬇作法見P.47

22 乳酪蛋糕貝果

塗在加州梅貝果上的是
乳酪蛋糕風味的奶油乳酪醬。
烤得恰到好處且香氣四溢，
看起來很像波蘿麵包。
烘烤前撒上黍砂糖是為了
讓整體味道更集中。
我個人偏好多撒一些。

⬇ 作法見P.48

23 奶焗鮮菇貝果

以豆漿製成口感輕盈的白醬，
鋪放在貝果上進行烘烤。
這是一款分量十足的貝果，
只要吃一個就很有飽足感。
也可以撒上黑胡椒來代替荷蘭芹。

⬇作法見P.48

18 金時豆貝果

Q彈貝果

●材料（直徑8㎝的貝果6個份）

高筋麵粉…300g
黍砂糖…1大匙
鹽…1小匙
乾酵母…½小匙（2g）
成分調整豆漿…185g
市售的蜜金時豆…90g

●作法

1 將麵粉、黍砂糖與鹽倒入調理盆中，用橡皮刮刀攪拌混合，再依乾酵母⇒豆漿的順序加入混拌。在調理盆中輕輕揉捏之後，將材料聚攏成團，蓋上濕布醒麵10分鐘。

2 將麵團置於揉麵台上，揉捏至表面變得滑順為止（3分鐘）。用刮板切成6等分，整圓後並排在揉麵台上，覆蓋濕布靜置鬆弛30分鐘。

3 將麵團翻面後塑形成橢圓狀，用擀麵棍擀成18㎝長，平均擺放上蜜金時豆後，從邊端緊緊地捲起並捏緊收口處。用雙手滾動，將一端壓平，扭轉3圈後覆蓋在另一端上，接合成環狀。

4 在烤盤上鋪上烘焙紙並撒上手粉（高筋麵粉．分量外），將麵團並排在上方，蓋上濕布，靜置於溫暖處讓麵團發酵膨脹至1.5倍的大小（60分鐘左右）。

5 在平底鍋中煮沸熱水，將貝果麵團全部放入並利用鍋鏟壓入水中，以中火煮1分鐘。徹底瀝乾熱水後置於烘焙紙上，以預熱至210℃的烤箱烘烤14～15分鐘。

19 全麥麵粉紅豆餡貝果

鬆軟貝果

●材料（直徑8㎝的貝果6個份）

高筋麵粉…230g
全麥麵粉（高筋型）…50g
低筋麵粉…20g
黍砂糖…2大匙
鹽…1小匙
乾酵母…½小匙（2g）
水…165g
市售的顆粒紅豆餡…90g

●作法

1 將麵粉類、黍砂糖與鹽倒入調理盆中，用橡皮刮刀攪拌混合，再依乾酵母⇒水的順序加入混拌。在調理盆中輕輕揉捏後，將材料聚攏成團，蓋上濕布醒麵10分鐘。

2～5 作法同上。步驟**3**的蜜金時豆更換成顆粒紅豆餡，平均塗抹在麵皮上後捲起，不必扭轉直接接合成環狀。讓麵團發酵膨脹至2倍的大小（60分鐘左右），再以200℃的烤箱烘烤15～16分鐘。

20 紅茶加州梅貝果

Q彈貝果

●材料（直徑8cm的貝果6個份）

高筋麵粉…300g
紅茶茶葉（茶包）…2包（4g）
薑粉…½小匙
黍砂糖…1大匙
鹽…1小匙
乾酵母…½小匙（2g）
成分調整豆漿…190g
加州梅乾（去籽，切成4等分）…90g

●作法

1~2 將麵粉、紅茶茶葉、薑粉、黍砂糖與鹽倒入調理盆中，用橡皮刮刀攪拌混合，再依乾酵母⇒豆漿的順序加入混拌。接下來的作法同右頁上方。

3 將麵團翻面後塑形成橢圓狀，用擀麵棍擀成18cm長，平均擺放上加州梅乾後，從邊端緊緊地捲起並捏緊收口處。用雙手滾動，將一端壓平，扭轉3圈後覆蓋在另一端上，接合成環狀。

4~5 作法同右頁上方。

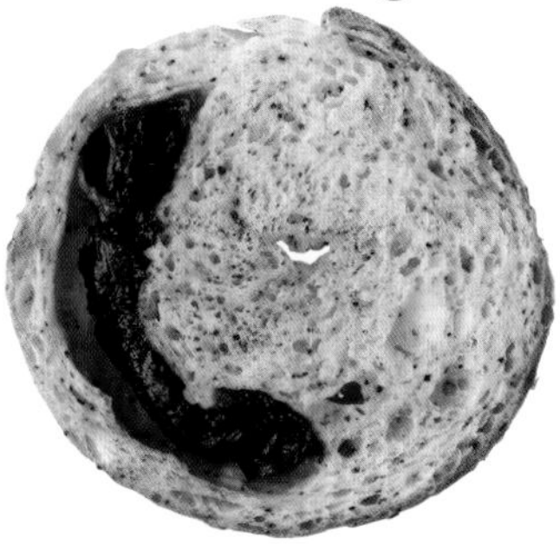

使用茶葉較細碎且易於混入麵團中的紅茶茶包。茶葉種類依個人喜好挑選即可。

將麵團用擀麵棍擀開之後，在上半部平均擺放上加州梅乾。緊緊地往內捲一圈並用手指按壓，重複此動作將餡料包捲起來。

21 蜜糖蘋果貝果

鬆軟貝果

●材料（直徑8cm的貝果6個份）

高筋麵粉…280g
低筋麵粉…20g
黍砂糖…2大匙
鹽…1小匙
乾酵母…½小匙（2g）
水…165g
蘋果…¼顆（淨重60g）＊
黍砂糖…2大匙
最後潤飾用的肉桂粉…適量

＊帶皮切成1cm的小丁

●作法

1 將麵粉類、黍砂糖與鹽倒入調理盆中，用橡皮刮刀攪拌混合，再依乾酵母⇒水的順序加入混拌。在調理盆中輕輕揉捏之後，將材料聚攏成團，蓋上濕布醒麵10分鐘。

2~3 作法同右頁上方。步驟**3**的蜜金時豆更換成蘋果丁與黍砂糖，擺放在麵皮上後捲起，不必扭轉直接接合成環狀。

4~5 作法同右頁上方。讓麵團發酵膨脹至2倍的大小（60分鐘左右），水煮後撒上肉桂粉，以200℃的烤箱烘烤15~16分鐘。

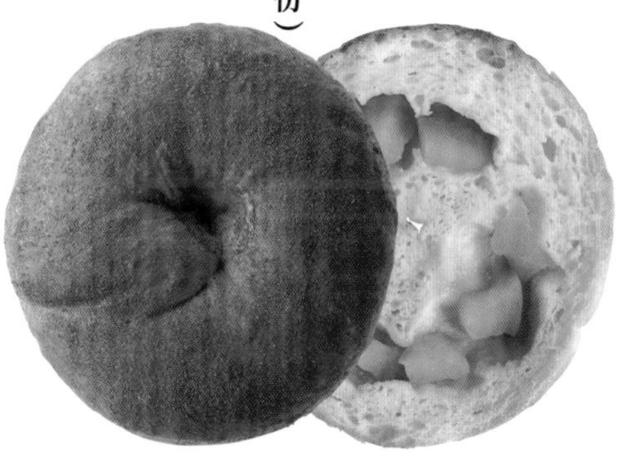

將麵團用擀麵棍擀開後，在上半部各擺放上蘋果丁與1小匙的黍砂糖。緊緊地往內捲一圈並用手指按壓，重複此動作將餡料包捲起來。

將貝果麵團水煮後置於烤盤上，用濾茶網撒上肉桂粉後進行烘烤。分量可依個人喜好調整。

22 乳酪蛋糕貝果

鬆軟貝果

● 材料（直徑8cm的貝果6個份）

高筋麵粉…280g
低筋麵粉…20g
黍砂糖…2大匙
鹽…1小匙
乾酵母…½小匙（2g）
水…165g

奶油乳酪（恢復至室溫）…100g＊
黍砂糖…2大匙＊
蛋黃…1顆份＊
低筋麵粉（過篩）…2大匙＊
最後潤飾用的黍砂糖…1又½小匙

＊由右至左依序加入，每次加入後都要用橡皮刮刀混拌

● 作法

1～5 作法同P.46上方。加水取代豆漿來揉捏麵團，無步驟**3**的蜜金時豆。不必扭轉直接接合成環狀，讓麵團發酵膨脹至2倍的大小（60分鐘）。水煮後塗上拌勻的奶油乳酪醬並撒上黍砂糖，以200℃的烤箱烘烤15～16分鐘。

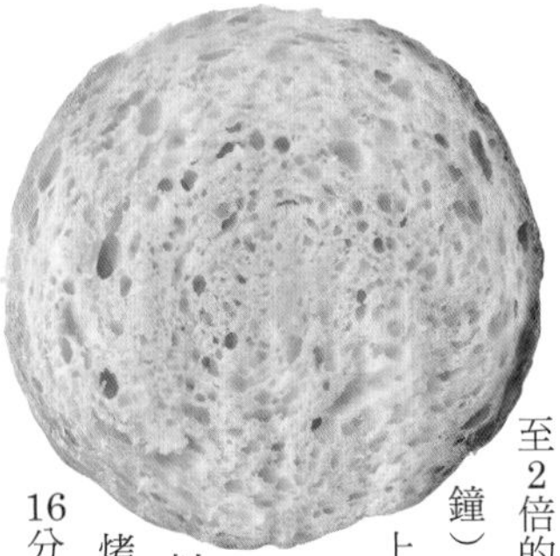

將奶油乳酪放入調理盆中，依序加入黍砂糖、蛋黃與低筋麵粉，每次加入後都要用橡皮刮刀攪拌混合，製作成奶油乳酪醬。

貝果麵團煮好後，在上方用湯匙塗上大量的奶油乳酪醬，接著撒上黍砂糖進行烘烤。

23 奶焗鮮菇貝果

鬆軟貝果

● 材料（直徑8cm的貝果6個份）

高筋麵粉…280g
低筋麵粉…20g
黍砂糖…2大匙
鹽…1小匙
乾酵母…½小匙（2g）
水…165g

披薩專用乳酪絲…6大匙
乾燥荷蘭芹…適量

【鴻喜菇白醬】
鴻喜菇（剝散）…1小包
成分調整豆漿…150㎖
低筋麵粉…2大匙
鹽…¼小匙
菜籽油…2大匙

● 作法

1 製作鴻喜菇白醬。在鍋中熱油，將鴻喜菇以小火炒軟之後，加入過篩的低筋麵粉，整體融合後倒入一半的豆漿，用鍋鏟拌勻。在即將沸騰前加入剩下的豆漿，變得濃稠後撒入鹽，關火靜置放涼。

2～5 作法同上方的步驟**1**～**5**。貝果麵團煮好後，依序擺放上步驟**1**的鴻喜菇白醬與乳酪絲進行烘烤，最後再撒上荷蘭芹。

將貝果麵團水煮後擺放在烤盤上，平均塗上鴻喜菇白醬。接著再擺上乳酪絲進行烘烤。

貝果的好搭檔
奶油乳酪抹醬

奶油乳酪與貝果十分對味，
這是我構思出來的簡單抹醬。
每一道都只需混合即可，作法超級簡單。
冷藏的話，保存期限各為2天左右。

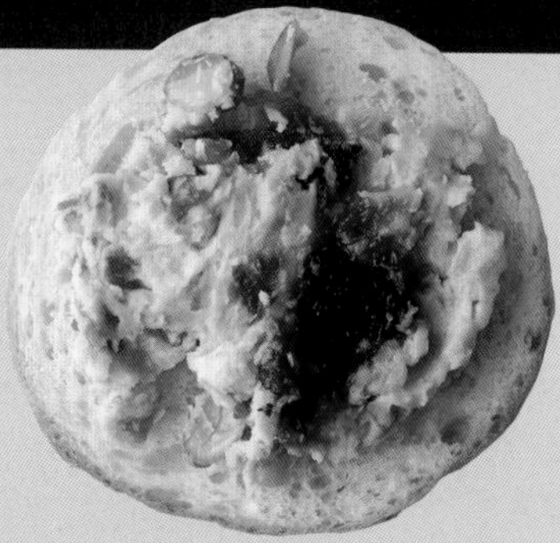

◎ 加州梅杏仁抹醬

訣竅在於將加州梅輕輕壓碎後再混合

● **材料與作法（約75g）**

奶油乳酪（恢復至室溫）…50g
整顆杏仁（切成碎末）…10g
加州梅乾（去籽・切成4～6等分）…2顆
黍砂糖…½大匙

1 將材料用橡皮刮刀攪拌混合。

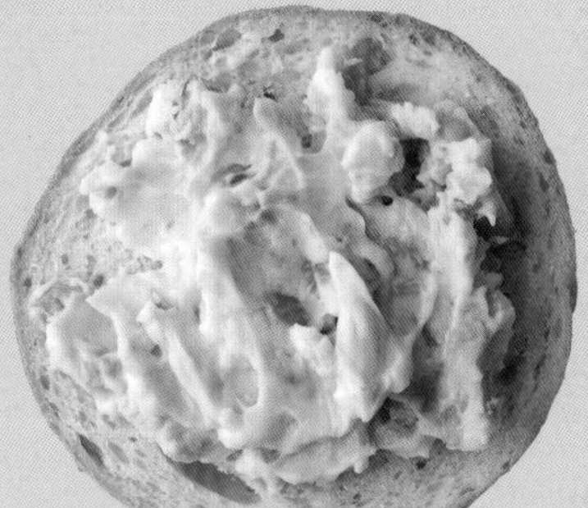

◎ 核桃蜂蜜抹醬

保證美味的組合。亦可改用其他堅果

● **材料與作法（約75g）**

奶油乳酪（恢復至室溫）…50g
核桃（用手剝成小塊）…15g
蜂蜜…½大匙

1 將材料用橡皮刮刀攪拌混合。

◎ 葡萄柚黑胡椒抹醬

酸味與黑胡椒的組合十分新鮮

● **材料與作法（約75g）**

奶油乳酪（恢復至室溫）…50g
粉紅葡萄柚（去除薄膜）…⅙顆（淨重35g）
細砂糖（或是黍砂糖）…½大匙
粗磨黑胡椒…少許

1 將材料用橡皮刮刀攪拌混合。

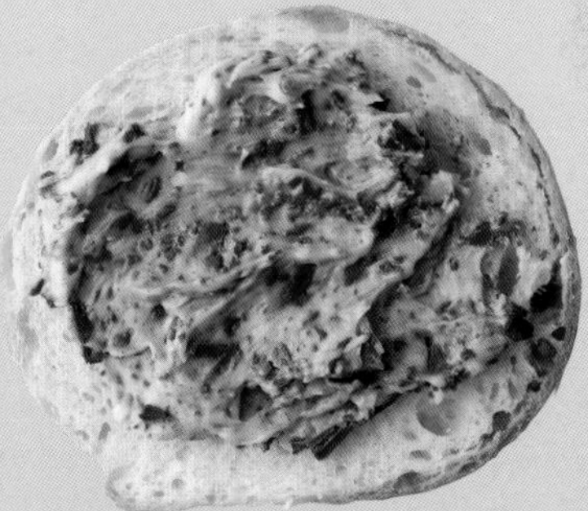

◎ 碎巧克力楓糖抹醬

利用楓糖增添巧克力碎末的甜度

● **材料與作法（約60g）**

奶油乳酪（恢復至室溫）…50g
巧克力磚（切成碎末）…¼片（12.5g）
楓糖漿…½大匙

1 將材料用橡皮刮刀攪拌混合。

貝果吃不完時……

貝果如果吃不完，
可以製作成法式吐司來享用。
建議放入蛋液中浸泡一晚，
完成的口感又鬆又軟，令人難以抵擋。

◎柳橙法式吐司

使用柳橙汁代替豆漿。
微微的酸甜滋味令人回味再三。

● 材料（2人份）

貝果…1個

A
- 雞蛋（中型）…1顆
- 柳橙汁…100mℓ
- 黍砂糖…1大匙

菜籽油…½小匙
市售的香草冰淇淋…適量

● 作法

1 將貝果橫切對半，再縱切成一半，放入拌勻的A中浸泡3小時至一晚。

2 在平底鍋中熱油，將**1**排入鍋中後蓋上鍋蓋，兩面各以小火煎4～5分鐘。最後在上方擺放冰淇淋。

◎豆漿法式土司

用雞蛋、豆漿與黍砂糖製作出的樸實美味。
搭配上煎過的香蕉十分對味。

● 材料（2人份）

貝果…1個

A
- 雞蛋（中型）…1顆
- 成分調整豆漿…100mℓ
- 黍砂糖…2大匙

菜籽油…½小匙
香蕉（切成1cm寬）…½根

● 作法

1 將貝果橫切對半，再縱切成4等分，放入拌勻的A中浸泡3小時至一晚。

2 在平底鍋中熱油，將**1**排入鍋中後蓋上鍋蓋，兩面各以小火煎4～5分鐘。接著將香蕉也稍微煎一下，一同盛盤。

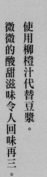

不甜的火腿乳酪法式吐司

煎好其中一面後放上火腿與乳酪，使其融化呈黏稠狀。這道法式吐司也很適合當作正餐。

● **材料（2人份）**

貝果…1個

A
- 雞蛋（中型）…1顆
- 成分調整豆漿…100mℓ
- 鹽…1小撮

里肌火腿（切半後切成細絲）…2片

披薩專用乳酪絲…2大匙

菜籽油…½小匙

乾燥荷蘭芹…少許

● **作法**

1 將貝果橫切對半，放入拌勻的A中浸泡3小時至一晚。

2 在平底鍋中熱油，將**1**的切面朝下排入鍋中後蓋上鍋蓋，以小火煎4～5分鐘。翻面後放上火腿與乳酪絲，蓋上鍋蓋煎4～5分鐘，最後撒上荷蘭芹。

咖啡法式吐司

在豆漿中混合即溶咖啡，帶有微苦的滋味。建議淋上融化的巧克力享用。

● **材料（2人份）**

貝果…1個

A
- 雞蛋（中型）…1顆
- 成分調整豆漿…100mℓ＊
- 即溶咖啡（顆粒）…2小匙＊
- 黍砂糖…2大匙

菜籽油…½小匙

巧克力磚（切碎）…½片（25g）

糖粉…少許

＊混合溶解備用

● **作法**

1 將貝果橫切對半，再縱切成4等分，放入拌勻的A中浸泡3小時至一晚。

2 在平底鍋中熱油，將**1**排入鍋中後蓋上鍋蓋，兩面各以小火煎4～5分鐘。淋上融化的巧克力，最後撒上糖粉。

烘焙使用的材料

在此介紹本書中使用的材料。
我的麵包使用的材料很少，
因此可以感受到個別材料的樸實味道。
無論是麵粉、砂糖還是鹽，都建議使用味道溫和的產品。

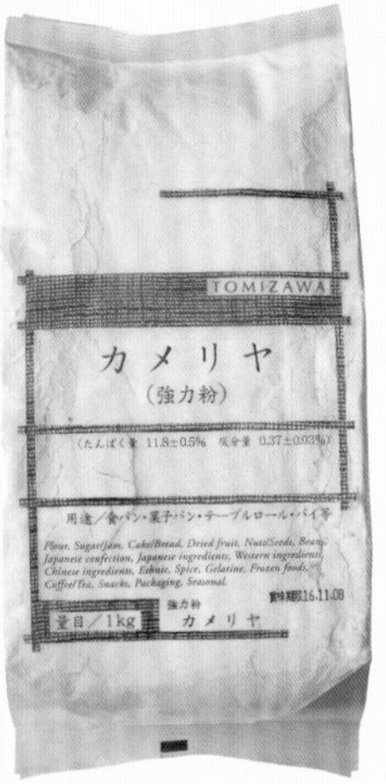

高筋麵粉

蛋白質含量高的麵粉，為製作麵包的主要材料。我所愛用的是日清的「山茶花（カメリア）」高筋麵粉，全年品質穩定且便於運用。開封後請將開口密封，以避免接觸空氣，置於陰涼處保存並儘早使用完畢。★

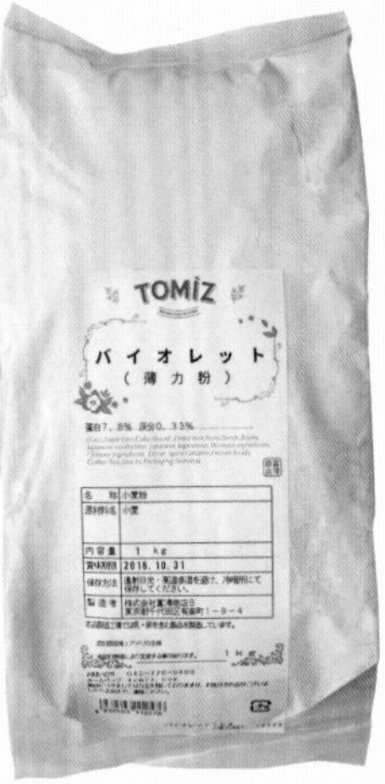

低筋麵粉

主要用於製作點心的麵粉。蛋白質含量比高筋麵粉低，混合少量運用可讓麵包的口感變輕盈。我所使用的是容易取得的「紫羅蘭（バイオレット）」低筋麵粉。開封後同樣要將開口密封，置於陰涼處保存。★

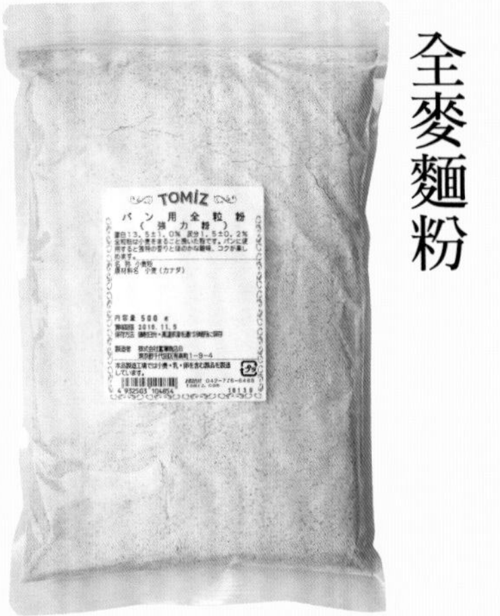

全麥麵粉

將整粒小麥連同表皮（麩皮）與胚芽一起研磨而成的產品，可享受到麵粉的香氣與樸實的滋味。由於加太多會導致麵團不易膨脹，因此我都以300g麵粉中加入50g左右為上限。照片為「麵包用全麥麵粉」。★

乾酵母

使用在超市等處也買得到，不需預先發酵的速發乾酵母。我所愛用的是法國樂斯福（Lesaffre）公司的紅色包裝乾酵母。使用不同品牌的產品也OK。開封後要將開口確實密封，置於冷凍庫中保存。★

水

使用經過淨水器過濾的自來水。若用礦泉水則須挑選接近日本自來水的軟水。硬度高的水會使麵團的韌性過強，或是造成發酵速度慢的狀況。此外，弱酸性的水質較為理想，請盡量避免使用鹼性離子水。

砂糖

除了麵團的甜度外，還會影響發酵難易度與烘焙色澤，是相當重要的材料之一。選用帶有甘蔗香氣與風味，且甜味溫和的黍砂糖。★

用量匙計量時，別忘了將鹽或砂糖確實抹平。尤其是鹽，若使用尖尖1匙的量，會使味道過鹹而難以下嚥，請特別留意。

鹽

除了調味之外，還具有緊實麵團的作用。請選用易於與麵粉類混合、粒子較細的鹽。我所使用的是法國的「蓋朗德鹽之花（顆粒）」。★

豆漿

製作「Q彈貝果」等所使用的是清爽且帶有甜味的成分調整豆漿。我所使用的是日本Marusanai公司的產品。亦可使用成分無調整的豆漿來製作，但麵團會較不易成形，且質地較為濕黏，須特別注意。此外，也請盡量選擇較為清爽的豆漿。

蜂蜜

味道溫和，甜味卻很扎實的蜂蜜。加入佛卡夏麵包的麵團中，希望製作出酥脆的口感。我所使用的是日本的「櫻花牌蜂蜜（サクラ印ハチミツ）」，可以改用個人喜愛的產品。建議使用味道不會過於強烈的蜂蜜。★

水果乾

葡萄乾是使用加州產、未經油封處理的產品，無花果乾則是使用土耳其產、又大顆又柔軟的產品。葡萄乾先用熱水清洗，無花果乾則用水泡軟後再使用。★

油

製作「酥脆披薩」與佛卡夏麵包時是使用橄欖油。建議選用香氣馥郁的產品。亦可用菜籽油替代，不過因為不帶有香氣，味道會稍顯不足。照片為「Barbera Alive 特級初榨橄欖油」。★

堅果

請特別留意，堅果有新鮮的產品與經過烘烤的產品。即使是烘烤過的堅果，仍建議用平底鍋乾煎一下。由於堅果容易氧化，請儘早使用完畢。★

巧克力

巧克力必須剁碎或切碎之後再加入麵團中，因此使用方便的巧克力磚。書中使用的是「Ghana」的黑巧克力與白巧克力。可以放入冰箱中稍微冷藏一下，會更容易切碎。

標示★的產品來源為（富）→詳見P.88

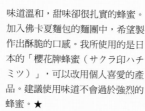

烘焙使用的器具

我常常在想，希望可以極力簡化使用的器具，
以便想做時就能立刻動手製作。
這些全都是每個家庭都會有的器具。
就算必須購買新品，也都能輕易取得且價格不貴。

調理盆

揉麵團時使用盆口較寬、直徑24cm的調理盆（左方照片）。披薩或佛卡夏麵包進行發酵時，使用外徑21cm、容量1.5ℓ的iwaki（イワキ）耐熱玻璃製品。當麵團膨脹且占滿調理盆時，體積會變成2倍。以此作為完成一次發酵的基準。

大小量匙

用於計量砂糖、鹽、乾酵母等粉末狀材料。1大匙＝15mℓ，1小匙＝5mℓ。計量時的正確方法是先舀多一點量，再用湯匙柄等確實抹平。

布巾

讓麵團靜置鬆弛或發酵時，將布巾沾濕之後徹底擰乾，覆蓋在麵團上防止乾燥。請選擇不會對麵團造成負擔的輕盈布料。我所愛用的是無印良品約40×40cm的「落棉布巾（落ちワタふきん）」。

橡皮刮刀

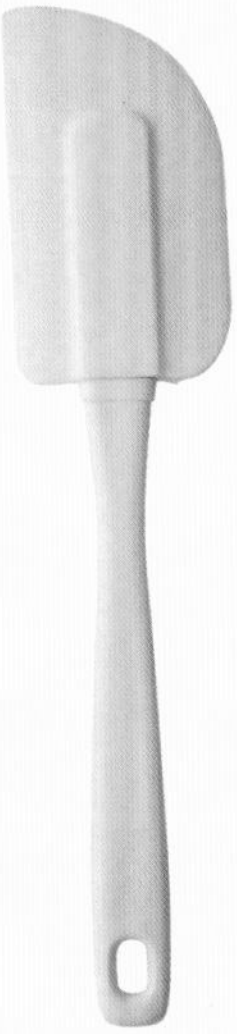

用於混合麵粉類或加水攪拌等作業。用手攪拌容易沾手且較費力，使用橡皮刮刀可讓作業更順利地進行。

電子秤

用於計量麵粉類等材料。麵包的水量十分重要，因此務必使用電子秤來計量。建議選用可精準計量的電子秤。使用最小單位為0.5g的電子秤會更方便，不過最小單位可顯示1g的產品就夠用了。

刮板

製作麵包時不可或缺的器具。聚攏調理盆中的麵團時，利用上方的圓弧部分，分割麵團時則使用下方的平面部分。別名為「切麵刀」。

【擁有這些會更方便】

½小匙的量匙

用於計量乾酵母十分方便。抹平即可簡單計量，作業起來更順暢。

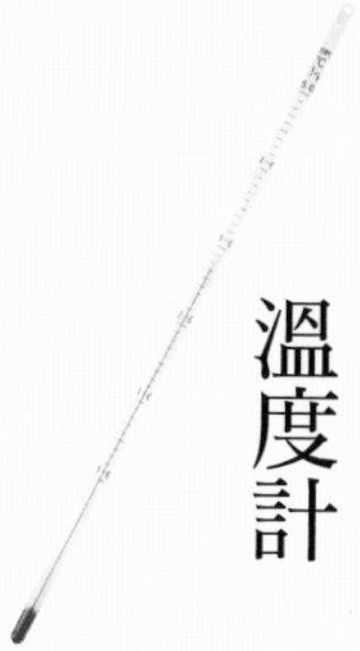

溫度計

可正確測量水溫的超實用器具。54℃－室溫＝最適合的溫度（例如：室溫若為20℃，則是54－20＝34℃）。冬天用溫水，夏天則改為冷水。使用此溫度的水來揉麵團，即可穩定發酵。

揉麵台

用於揉捏或分割麵團。我所愛用的是56×41×厚1.8cm的木製品。帶點重量較具穩定感，用起來比較順手。照片為「Pastry Board Basic Model 1399」（富）→產品來源詳見P.88

擀麵棍

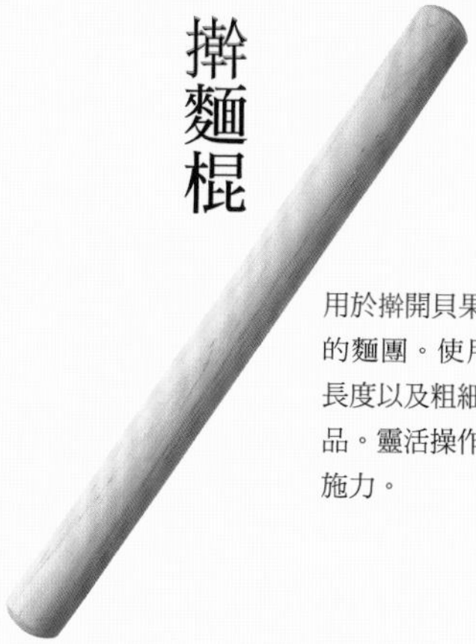

用於擀開貝果、披薩與佛卡夏麵包的麵團。使用30cm長的木製品。長度以及粗細請選擇自己順手的產品。靈活操作的訣竅在於不要過度施力。

直徑26cm的平底鍋

水煮貝果麵團時使用。直徑26cm的尺寸，剛好可以一次放入6個貝果麵團。若是煮沸太多熱水，放入貝果時水會溢出，請特別留意。

烘焙紙

烘烤麵包時鋪在烤盤上。烘焙紙分為拋棄式與可重複清洗2種類型，我是使用可反覆利用的烘焙紙，並持續用了超過5年。可在烘焙材料店等處購買。

貝果的製作時間表

在此介紹製作貝果的大致流程。
從揉麵團到烘烤完成為止，大約2個小時。
若想中午品嚐剛出爐的貝果，
只要從早上10點開始揉麵團就沒問題了。
室溫較低的話發酵會變慢，反之則會變快。
＊以製作基本的扎實貝果為例（室溫20℃）

10：00

20分鐘

【製作麵團】

混合材料後醒麵10分鐘，接著再揉麵團。讓麵團靜置片刻有助於麵粉與水互相結合，因此揉麵團的時間只需3分鐘。

10：20

40分鐘

【分割&靜置鬆弛】

分割麵團之後整圓，靜置鬆弛。在此步驟靜置30分鐘左右，讓麵團緊繃的筋性鬆弛，製作出滑順的表皮。

11：00

50分鐘

【成形&二次發酵】

擀開麵團並捲起，接合成環狀後，置於烤盤上進行二次發酵。貝果不需進行費時的一次發酵。

11：50

20分鐘

【水煮後烘烤】

用熱水煮1分鐘之後放入烤箱。如此便能製作出貝果特有的口感。水煮前先將烤箱預熱備用。

12：10

【完成】

【貝果的冷凍方式】

無法立即吃完時，建議冷凍保存。放涼後用保鮮膜一個個包覆起來，裝進夾鏈袋保存，再放入冷凍庫。保存期限為1個月左右。包有奶油乳酪內餡等不適合冷凍的貝果，請勿冷凍保存。

【重新加熱的方式】

要享用的前一天先移到冷藏室中進行自然解凍。取出後用噴霧器噴2～3次水，接著以鋁箔紙包覆，放入烤箱中慢慢烘烤，如此即可重現不輸現烤的美味。

第2章 披薩

因為是孩子們的最愛，所以我很常在家裡烤披薩。
麵團只要迅速揉捏並發酵1次，再擺上配料烘烤即可。
輕鬆簡單又美味，1個人就能一口氣吃掉1片。
我所製作的披薩餅皮，特色在於口感與味道很類似麵包。

1 基本的酥脆披薩（魩仔魚與洋蔥）

在麵團中加入少量的橄欖油，
只要擀得薄一點，便會產生酥脆的口感。
由於可確實品嚐到餅皮的味道，
因此只利用乳酪與魩仔魚的鹹味，
帶出簡單樸實的好滋味。

● **材料（直徑18cm的披薩3片份）**

高筋麵粉…300g
黍砂糖…1大匙
鹽…1小匙
乾酵母…½小匙（2g）
水…185g
橄欖油…1大匙

鮪仔魚…3大匙
洋蔥（切成薄片）…½顆
披薩專用乳酪絲…1又½杯

1 混合材料

將麵粉、黍砂糖與鹽倒入調理盆中，用橡皮刮刀以畫圓的方式混合，加入乾酵母後，繼續以畫圓的方式混合。

在中央挖出一個凹洞，加入水與油。

*水溫的基準為春秋30℃、冬天35℃（皆為溫水），夏天則是20℃。54℃－室溫＝最適合的水溫。

用橡皮刮刀將麵粉與水攪拌混合。待整體融合後，

在調理盆中輕輕揉捏。等到沒有結塊且變得黏稠沾手後，

2 醒麵（10分鐘）

將材料聚攏成團，用沾濕並徹底擰乾的布巾覆蓋，靜置醒麵10分鐘。

3 揉製麵團（3分鐘）

取出麵團置於揉麵台上，用雙手將麵團前端稍微往內折疊，

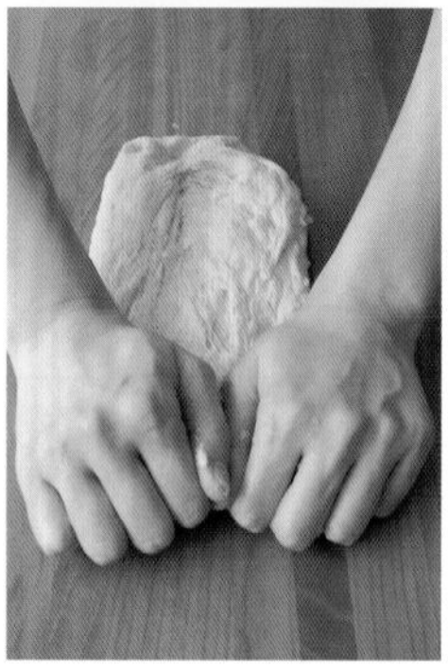

接著向外延展，重複此動作揉捏麵團。待麵團變成橫長形後旋轉90度，以相同方式反覆揉捏，合計約3分鐘。

4 進行一次發酵（約3小時）

將麵團放入塗了薄薄一層橄欖油（分量外）的調理盆中，覆蓋徹底擰乾的濕布。

靜置於溫暖處，讓麵團發酵膨脹至2倍左右的大小。

*在室溫20℃下發酵約3小時

◉ **「溫暖處」是指……**

避開陽光直射與乾燥之處，擺放在人體感到舒適的地方。我習慣放在廚房的餐桌上。

5 分割&靜置鬆弛（20分鐘）

將麵團置於撒有手粉（高筋麵粉・分量外）的揉麵台上，用刮板以放射狀切成3等分。

用手掌側面多次輕撫麵團，延展出平滑的表面後整圓。

用手指用力捏緊底部使其確實密合。

用擀麵棍輕輕擀開來（直徑10cm左右），取出間隔並排在揉麵台上，覆蓋徹底擰乾的濕布靜置鬆弛20分鐘。

6 成形&烘烤

在整個麵團撒上手粉（高筋麵粉・分量外），用擀麵棍擀成直徑18cm的圓形麵皮。

*訣竅在於不要過度施力

在烤盤上鋪上烘焙紙後擺放麵皮，用叉子在距離邊緣1cm處戳出一圈小孔，內側的麵皮也全部戳出小孔。

用刷子在麵皮邊緣塗抹上橄欖油（分量外）。

*這是為了烤出酥脆的口感。這個部分不擺放配料

依序擺上洋蔥與乳酪，以預熱至220℃的烤箱烘烤10～12分鐘。

*若烘烤不足則提高10～20℃

最後擺放上魩仔魚。

*若無法同時擺放在烤盤上，則依序分次烘烤

◉有多餘的餅皮時……

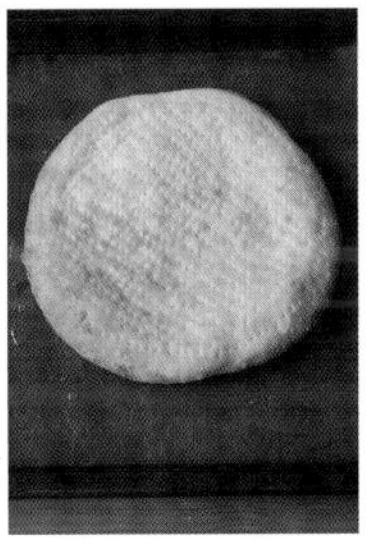

在邊緣塗抹上橄欖油後，以預熱至220℃的烤箱乾烤8～10分鐘，冷卻後用保鮮膜包覆起來，裝進夾鏈袋即可冷凍保存。保存期限為1個月左右。自然解凍之後擺放上1/2杯披薩專用乳酪絲，放入預熱至220℃的烤箱烘烤4～5分鐘，淋上蜂蜜後撒上黑胡椒就很美味。

2 基本的鬆軟披薩
（德國小香腸與長蔥）

麵皮若擀得夠厚實，就可以烤出鬆軟的披薩。
帶有麵包般的柔軟口感與麵粉的美味，
即使配料放得不多也很可口。
最後再撒上黑胡椒或荷蘭芹也很不錯！

● 材料（直徑16㎝的披薩3片份）

高筋麵粉…270g
低筋麵粉…30g
黍砂糖…2大匙
鹽…1小匙
乾酵母…½小匙（2g）
水…185g
德國小香腸（切成1㎝寬）…9根
長蔥（斜切成薄片）…1根
披薩專用乳酪絲…1杯

1 揉製麵團

將麵粉類、黍砂糖與鹽倒入調理盆中，用橡皮刮刀攪拌混合，加入乾酵母混合後，在麵粉中央倒入水。

用橡皮刮刀攪拌至麵粉與水完全融合後，在調理盆中輕輕揉捏至麵粉結塊消失，且變得黏稠沾手為止。

將材料聚攏成團，蓋上濕布醒麵10分鐘。

取出麵團置於揉麵台上，用手反覆「往內折疊、向外延展」的揉麵動作。邊揉邊旋轉90度改變方向，揉捏3分鐘左右。

2 進行一次發酵（約3小時）

將麵團放入塗了橄欖油（分量外）的調理盆中，覆蓋濕布後靜置於溫暖處，

讓麵團發酵膨脹至2倍大小。將麵團置於撒有手粉（高筋麵粉．分量外）的揉麵台上。

＊在室溫20℃下發酵約3小時

3 分割&靜置鬆弛（20分鐘）

用刮板切成3等分，並用手掌側面輕撫麵團，延展出平滑的表面後整圓，將底部捏緊使其密合。

用擀麵棍輕輕擀開來（直徑10㎝左右），取出間隔並排在揉麵台上，覆蓋徹底擰乾的濕布靜置鬆弛20分鐘。

4 成形&烘烤

在整個麵團撒上手粉（高筋麵粉．分量外），用擀麵棍擀成直徑16㎝的圓形麵皮，擺放在鋪有烘焙紙的烤盤上。

用叉子在距離邊緣1㎝處戳出一圈小孔，內側的麵皮也全部戳出小孔，並用刷子在邊緣塗抹上橄欖油（分量外）。

依序擺上長蔥、乳酪絲與德國小香腸，以預熱至220℃的烤箱烘烤10～12分鐘。

＊若烘烤不足則提高10～20℃

1 鮪魚小番茄披薩

將瀝乾汁液的鮪魚與小番茄擺放在麵皮上，再撒上大量的乳酪粉進行烘烤。烤過的番茄鮮嫩多汁，那份甜味格外的美味。也很推薦淋上塔巴斯科辣椒醬來品嚐。

⬇ 作法見P.68

2 玉米櫻花蝦披薩

我最喜歡的組合是櫻花蝦搭配乳酪。
這款披薩還加了帶有甜味的玉米。
塗抹在麵皮上的味噌醬
扮演襯托整體味道的角色。
混入醬汁中的白芝麻粉
也可依喜好增加分量。

⬇ 作法見P.68

3 瑪格麗特披薩

先塗抹番茄醬汁，再放上莫札瑞拉乳酪與羅勒葉。
口味簡樸的瑪格麗特披薩是披薩中的經典款。
番茄醬汁的作法是先將大蒜炒過，
再加入罐頭番茄熬煮片刻即可。
先製作好醬汁冷凍保存備用，
便可快速製作這道披薩立刻上桌。

⬇作法見P.69

4 卡蒙貝爾乳酪義式臘腸披薩

結合了我最喜歡的卡蒙貝爾乳酪
以及風味濃郁的義式臘腸。
由於臘腸露出表面很容易烤焦，
因此請用披薩專用乳酪絲確實覆蓋住。

↓ 作法見P.69

5 菠菜水煮蛋披薩

將新鮮的菠菜切碎加入。
塗抹在麵皮上的是大家很熟悉的美乃滋。
切成薄片的水煮蛋看起來十分可愛。

↓ 作法見P.70

6 鮮蝦青花菜披薩

混合美乃滋與番茄醬後塗抹在麵皮上，蝦子與青花菜先以大蒜與橄欖油爆香，再一一擺放上去。配料豐富，分量十足。

⬇作法見P.70

7 咖哩馬鈴薯培根披薩

馬鈴薯蒸熟後壓碎成泥，加入咖哩粉與鹽拌勻備用。搭配的配料是多汁的培根。無疑是美味十足的組合。

⬇作法見P.71

8
酪梨生火腿披薩

一起來製作宛如沙拉般的披薩吧！
在麵皮上塗抹橄欖油後進行乾烤，
放上切碎的水菜、鹹味恰到好處的生火腿，
以及口感黏稠的美味酪梨。
最後請淋上香氣迷人的橄欖油提味。

⬇作法見P.71

1 鮪魚小番茄披薩

酥脆披薩

● **材料（直徑18cm的披薩3片份）**

高筋麵粉…300g
黍砂糖…1大匙
鹽…1小匙
乾酵母…½小匙（2g）
水…185g
橄欖油…1大匙

鮪魚罐頭（瀝乾汁液）…2小罐（140g）
小番茄（切成一半）…15顆
番茄醬汁（參照左圖）…3大匙
乳酪粉…3大匙
粗磨黑胡椒…適量

● **作法**

1 將麵粉、黍砂糖與鹽倒入調理盆中，用橡皮刮刀攪拌混合，再依乾酵母⇒水與油的順序加入混拌。在調理盆中輕輕揉捏之後，將材料聚攏成團，蓋上濕布醒麵10分鐘。

2 將麵團置於揉麵台上，揉捏至不沾黏為止（3分鐘）。放入塗了橄欖油（分量外）的調理盆中，覆蓋濕布後靜置於溫暖處，讓麵團發酵膨脹至2倍的大小（3小時左右）。

3 將麵團置於撒有手粉（高筋麵粉・分量外）的揉麵台上，用刮板切成3等分，整圓後將底部捏緊使其密合。用擀麵棍輕輕擀開來，蓋上濕布靜置鬆弛20分鐘。

4 在整個麵團撒上手粉（高筋麵粉・分量外），用擀麵棍擀成直徑18cm的圓形麵皮，擺放在鋪有烘焙紙的烤盤上，並用叉子在整片麵皮戳出小孔。用刷子在邊緣塗抹上橄欖油（分量外）後，依序塗上番茄醬汁，擺上鮪魚、小番茄，再撒上乳酪粉與黑胡椒，以預熱至220℃的烤箱烘烤10～12分鐘。

番茄醬汁的作法是在鍋中放入1大匙橄欖油與¼小匙蒜泥，以中火加熱至散發出香氣後，加入1罐切片番茄罐頭（400g）與¼小匙鹽，一邊壓碎一邊熬煮10～15分鐘，煮好後靜置冷卻。

在每片麵皮上塗抹1大匙番茄醬汁，再依序擺上鮪魚、5顆份的小番茄（將切面朝上），並撒上1大匙乳酪粉與黑胡椒。

2 玉米櫻花蝦披薩

鬆軟披薩

● **材料（直徑16cm的披薩3片份）**

高筋麵粉…270g
低筋麵粉…30g
黍砂糖…2大匙
鹽…1小匙
乾酵母…½小匙（2g）
水…185g

玉米粒罐頭（瀝乾汁液）…120g
櫻花蝦…6大匙（18g）
披薩專用乳酪絲…1杯

味噌醬…略多於2大匙＊

＊將各1大匙的味噌與美乃滋、1小匙白芝麻粉與¼小匙醬油攪拌均勻

● **作法**

1～3 作法同上（無步驟**1**的油）。

4 在整個麵團撒上手粉（高筋麵粉・分量外），用擀麵棍擀成直徑16cm的圓形麵皮，擺放在鋪有烘焙紙的烤盤上，並用叉子在整片麵皮戳出小孔。用刷子在邊緣塗抹上橄欖油（分量外）後，依序塗上味噌醬，擺上玉米粒、櫻花蝦與乳酪絲，以預熱至220℃的烤箱烘烤10～12分鐘。

3 瑪格麗特披薩

酥脆披薩

●材料（直徑18cm的披薩3片份）

高筋麵粉…300g
黍砂糖…1大匙
鹽…1小匙
乾酵母…½小匙（2g）
水…185g
橄欖油…1大匙

莫札瑞拉乳酪（切成薄片）…1塊（100g）
番茄醬汁（參照右頁）…6大匙
羅勒葉…9片

●作法

1～3 作法同右頁上方。

4 在整個麵團撒上手粉（高筋麵粉．分量外），用擀麵棍擀成直徑18cm的圓形麵皮，擺放在鋪有烘焙紙的烤盤上，並用叉子在整片麵皮戳出小孔。用刷子在邊緣塗抹上橄欖油（分量外）後，依序塗上番茄醬汁，擺上莫札瑞拉乳酪，以預熱至220℃的烤箱烘烤10～12分鐘。享用時再擺上羅勒葉。

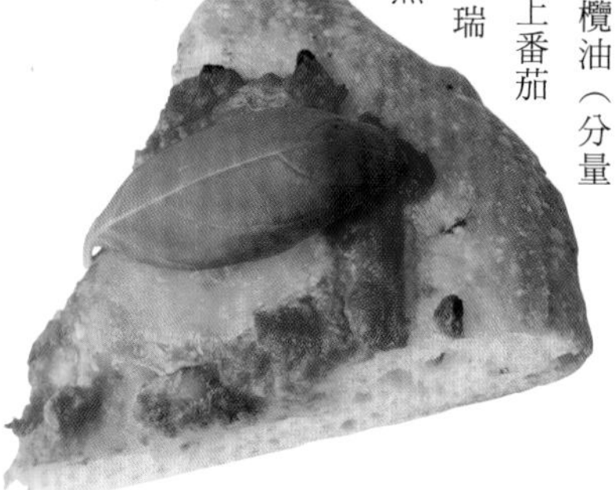

在每片麵皮上塗抹2大匙番茄醬汁，再分別擺上5～6片莫札瑞拉乳酪。烘烤完成後，各放上3片羅勒葉點綴。

4 卡蒙貝爾乳酪義式臘腸披薩

酥脆披薩

●材料（直徑18cm的披薩3片份）

高筋麵粉…300g
黍砂糖…1大匙
鹽…1小匙
乾酵母…½小匙（2g）
水…185g
橄欖油…1大匙

卡蒙貝爾乳酪（以放射狀切成18等分）…1塊（100g）
義式臘腸…24片
披薩專用乳酪絲…1又½杯
粗磨黑胡椒…適量

●作法

1～3 作法同右頁上方。

4 在整個麵團撒上手粉（高筋麵粉．分量外），用擀麵棍擀成直徑18cm的圓形麵皮，擺放在鋪有烘焙紙的烤盤上，並用叉子在整片麵皮戳出小孔。用刷子在邊緣塗抹上橄欖油（分量外）後，依序擺上義式臘腸、乳酪絲、卡蒙貝爾乳酪，並撒上黑胡椒，以預熱至220℃的烤箱烘烤10～12分鐘。

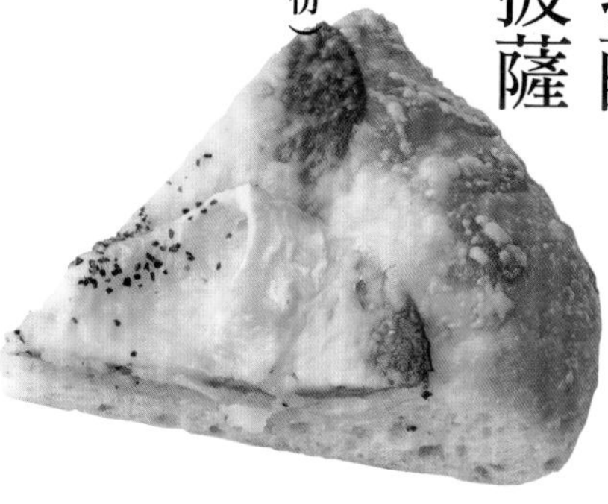

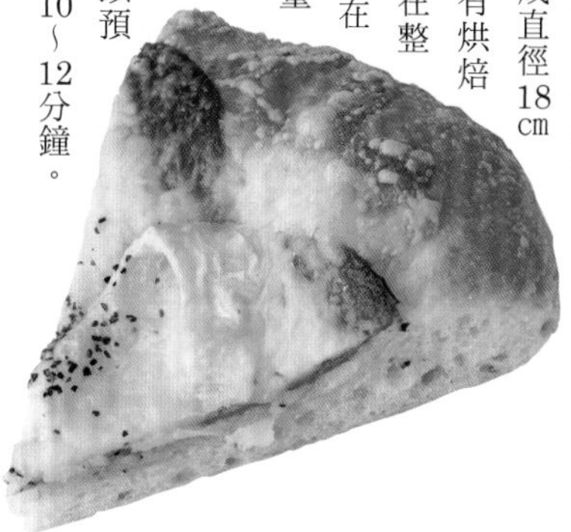

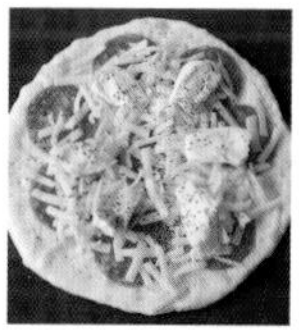

在每片麵皮上依序擺上8片義式臘腸、½杯披薩專用乳酪絲、6塊卡蒙貝爾乳酪，並撒上黑胡椒進行烘烤。

5 菠菜水煮蛋披薩

鬆軟披薩

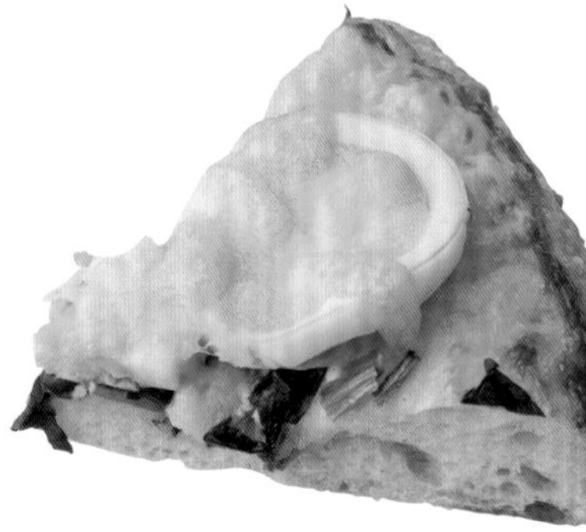

● **材料（直徑16㎝的披薩3片份）**

高筋麵粉…270g
低筋麵粉…30g
黍砂糖…2大匙
鹽…1小匙
乾酵母…½小匙（2g）
水…185g

菠菜（切成1㎝寬）…2棵
水煮蛋（切成薄片）…3顆
披薩專用乳酪絲…1杯
美乃滋…3大匙

● **作法**

1 將麵粉類、黍砂糖與鹽倒入調理盆中，用橡皮刮刀攪拌混合，再依乾酵母⇒水的順序加入混拌。在調理盆中輕輕揉捏之後，將材料聚攏成團，蓋上濕布醒麵10分鐘。

2 將麵團置於揉麵台上，揉捏至不沾黏為止（3分鐘）。放入塗了橄欖油（分量外）的調理盆中，覆蓋濕布後靜置於溫暖處，讓麵團發酵膨脹至2倍的大小（3小時左右）。

3 將麵團置於撒有手粉（高筋麵粉．分量外）的揉麵台上，用刮板切成3等分，整圓後將底部捏緊使其密合。用擀麵棍輕輕擀開來，蓋上濕布靜置鬆弛20分鐘。

4 在整個麵團撒上手粉（高筋麵粉．分量外），用擀麵棍擀成直徑16㎝的圓形麵皮，擺放在鋪有烘焙紙的烤盤上，並用叉子在整片麵皮戳出小孔。用刷子在邊緣塗抹上橄欖油（分量外）後，依序塗上美乃滋，擺上菠菜、水煮蛋與乳酪絲，以預熱至220℃的烤箱烘烤10～12分鐘。

在每片麵皮上塗抹1大匙美乃滋，再依序擺上菠菜、1顆份的水煮蛋與⅓杯披薩專用乳酪絲進行烘烤。

6 鮮蝦青花菜披薩

鬆軟披薩

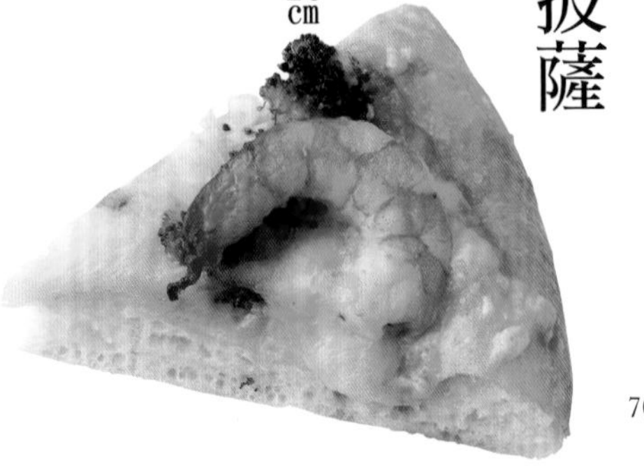

● **材料（直徑16㎝的披薩3片份）**

高筋麵粉…270g
低筋麵粉…30g
黍砂糖…2大匙
鹽…1小匙
乾酵母…½小匙（2g）
水…185g

大蝦仁…18尾＊
青花菜（切成小朵）…¼棵＊
橄欖油…2大匙＊
大蒜泥…½小匙＊
鹽…1小撮＊

披薩專用乳酪絲…1杯

美乃滋…2大匙＊＊
番茄醬…1大匙＊＊

標示＊與＊＊的材料分別混合備用

● **作法**

1～3 作法同上。

4 作法同上。將麵團擀成直徑16㎝的圓形麵皮，並用叉子在整片麵皮戳出小孔，用刷子在邊緣塗抹上橄欖油（分量外）後，依序塗上美乃滋＋番茄醬，擺上青花菜、乳酪絲與蝦仁，以預熱至220℃的烤箱烘烤10～12分鐘。

7 咖哩馬鈴薯培根披薩

酥脆披薩

● **材料**（直徑18cm的披薩3片份）

高筋麵粉…300g
黍砂糖…1大匙
鹽…1小匙
乾酵母…½小匙（2g）
水…185g
橄欖油…1大匙

馬鈴薯…2個（淨重300g）＊
咖哩粉…½小匙＊
鹽…1小撮＊

培根（切成細條）…6片
披薩專用乳酪絲…1又½杯
美乃滋…3大匙

＊切成塊狀蒸熟，加入咖哩粉與鹽之後搗碎

● **作法**

1～3 作法同右頁上方（在步驟**1**中，加水的同時將油倒入）。

4 在整個麵團撒上手粉（高筋麵粉・分量外），用擀麵棍擀成直徑18cm的圓形麵皮，擺放在鋪有烘焙紙的烤盤上，並用叉子在整片麵皮戳出小孔。用刷子在邊緣塗抹上橄欖油（分量外）後，依序塗上美乃滋，擺上馬鈴薯＋咖哩粉、培根與乳酪絲，以預熱至220℃的烤箱烘烤10～12分鐘。

馬鈴薯削皮後切成2～3cm的塊狀，蒸7～8分鐘後加入咖哩粉與鹽，用叉子搗碎備用。

在每片麵皮上塗抹1大匙美乃滋，再依序擺上馬鈴薯＋咖哩粉、2片培根與½杯披薩專用乳酪絲。

8 酪梨生火腿披薩

酥脆披薩

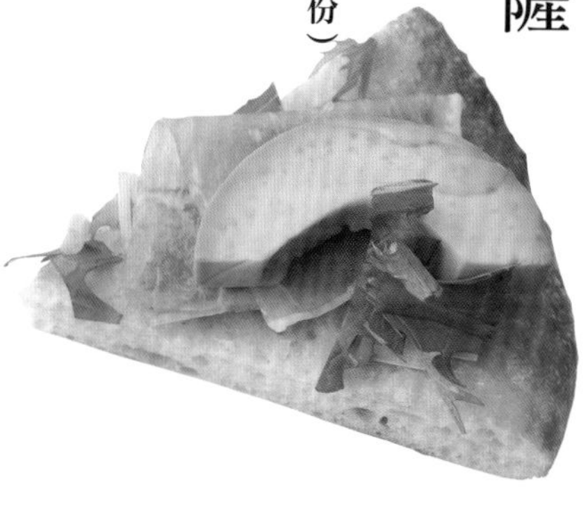

● **材料**（直徑18cm的披薩3片份）

高筋麵粉…300g
黍砂糖…1大匙
鹽…1小匙
乾酵母…½小匙（2g）
水…185g
橄欖油…1大匙

酪梨（去皮去籽，切成薄片）…1顆
生火腿（切成一半）…9片
水菜（切成1cm寬）…1棵
最後潤飾用的橄欖油、粗鹽…各適量

● **作法**

1～3 作法同右頁上方（在步驟**1**中，加水的同時將油倒入）。

4 在整個麵團撒上手粉（高筋麵粉・分量外），用擀麵棍擀成直徑18cm的圓形麵皮，擺放在鋪有烘焙紙的烤盤上，並用叉子在整片麵皮戳出小孔。用刷子在邊緣塗抹上橄欖油（分量外）後，以預熱至220℃的烤箱烘烤8～10分鐘。烤好後依序擺上水菜、生火腿與酪梨，淋上橄欖油並撒上粗鹽享用。

酪梨先用刀子縱向劃一圈。

用手扭轉分成兩半之後，徒手剝皮、去籽。

9 根菜披薩

這是一款和風披薩，
在塗上味噌醬的麵皮上擺放牛蒡與蓮藕。
利用削皮刀將牛蒡削成薄片，十分輕鬆簡單。
蓮藕如果太厚的話會不易熟透，請特別留意。

⬇ 作法見P.76

10 鯷魚核桃披薩

酥脆噴香的核桃，
搭配上味道鮮明的鹹味鯷魚。
外觀雖然樸實，卻是令人難忘的好滋味。
烤好後，擺放上芝麻菜來享用。

⬇ 作法見P.76

11 奶油乳酪堅果披薩

抹上混合了2種堅果的
奶油乳酪進行烘烤，
再擺放上冰淇淋與淋上蜂蜜，
奢侈的甜點披薩就大功告成了！
堅果請依喜好自行挑選。
撒上少許黑胡椒也很美味。

➡ 作法見P.77

12 棉花糖檸檬凝乳披薩

一般都會認為，
製作檸檬凝乳很難不使用奶油，
但只要遵守以極小火熬煮的原則，其實很簡單。
上面擺放的是小巧可愛的棉花糖。
烘烤至微帶焦色即可大快朵頤！

⬇ 作法見P.78

13 蘋果藍紋乳酪披薩

擺放上蘋果與披薩專用乳酪絲烘烤後，撒上歌魯拱索拉乳酪烤至融化。撒在蘋果上的砂糖為味道增添了層次。

↓作法見P.79

14 藍莓奶油乳酪披薩

這款是感覺會出現在餐廳菜單中的甜點披薩。將奶油乳酪用手撕碎擺上較富有手作感，外觀看起來可愛得不得了。

↓作法見P.79

9 根菜披薩

鬆軟披薩

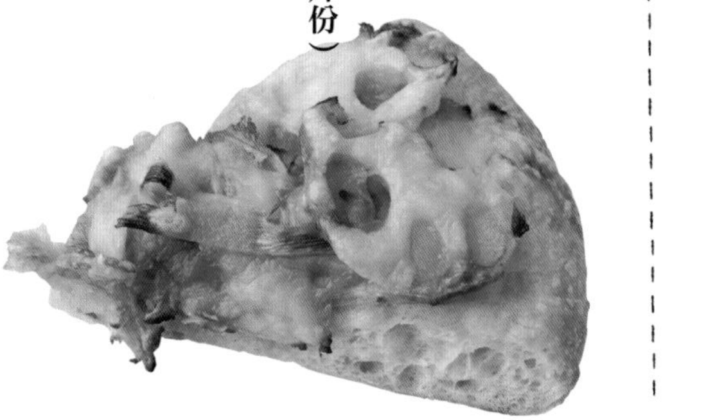

●**材料（直徑16㎝的披薩3片份）**

高筋麵粉…270g
低筋麵粉…30g
黍砂糖…2大匙
鹽…1小匙
乾酵母…½小匙（2g）
水…185g

牛蒡（用削皮刀削成薄片）…¼根
蓮藕（切成5㎜寬的半月狀）…24片
披薩專用乳酪絲…1杯

味噌醬…略多於2大匙＊

＊將各1大匙的味噌與美乃滋、1小匙白芝麻粉與¼小匙醬油攪拌均勻

●**作法**

1～3 作法同左頁（無步驟**1**的油）。

4 在整個麵團撒上手粉（高筋麵粉．分量外），用擀麵棍擀成直徑16㎝的圓形麵皮，擺放在鋪有烘焙紙的烤盤上，並用叉子在整片麵皮戳出小孔。用刷子在邊緣塗抹上橄欖油（分量外）後，依序塗上味噌醬，擺上牛蒡、蓮藕與乳酪絲，以預熱至220℃的烤箱烘烤10～12分鐘。

在每片麵皮上塗抹2小匙味噌醬，再依序擺上牛蒡、8片蓮藕與⅓杯披薩專用乳酪絲進行烘烤。

10 鯷魚核桃披薩

酥脆披薩

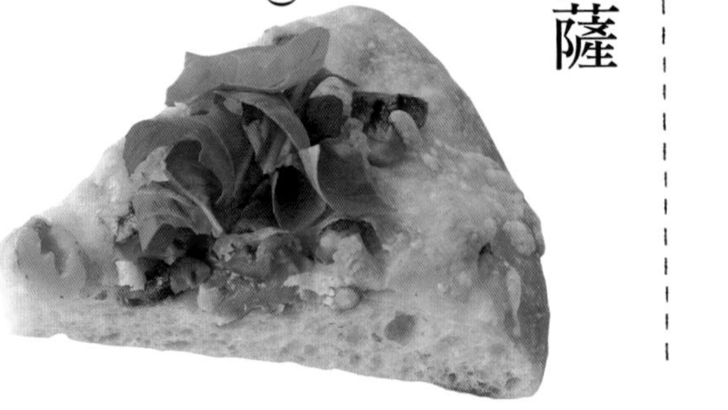

●**材料（直徑18㎝的披薩3片份）**

高筋麵粉…300g
黍砂糖…1大匙
鹽…1小匙
乾酵母…½小匙（2g）
水…185g
橄欖油…1大匙

油漬鯷魚（魚柳．撕成細條狀）…6片
核桃（用手剝成大塊）…45g
披薩專用乳酪絲…1又½杯
芝麻菜（撕碎）…9～10枝

●**作法**

1～3 作法同左頁。

4 在整個麵團撒上手粉（高筋麵粉．分量外），用擀麵棍擀成直徑18㎝的圓形麵皮，擺放在鋪有烘焙紙的烤盤上，並用叉子在整片麵皮戳出小孔。用刷子在邊緣塗抹上橄欖油（分量外）後，依序擺上鯷魚、核桃與乳酪絲，以預熱至220℃的烤箱烘烤10～12分鐘。烤好之後擺放上芝麻菜。

油漬鯷魚是將用鹽醃漬過的日本鯷漬泡在橄欖油中製成的產品。用手撕成細條狀之後撒在麵皮上。

在每片麵皮上依序擺上2片份撕碎的鯷魚、核桃與½杯披薩專用乳酪絲，烤好後擺放上芝麻菜來享用。

11 奶油乳酪堅果披薩

酥脆披薩

● **材料（直徑18cm的披薩3片份）**

高筋麵粉…300g
黍砂糖…1大匙
鹽…1小匙
乾酵母…½小匙（2g）
水…185g
橄欖油…1大匙

奶油乳酪（恢復至室溫）…180g＊
整顆杏仁（切成粗末）…60g＊
腰果（剝成一半）…60g＊
黍砂糖…2大匙＊

蜂蜜…3大匙
市售的香草冰淇淋…適量

＊混合備用

● **作法**

1 將麵粉、黍砂糖與鹽倒入調理盆中，用橡皮刮刀攪拌混合，再依乾酵母⇒水與油的順序加入混拌。在調理盆中輕輕揉捏之後，將材料聚攏成團，蓋上濕布醒麵10分鐘。

2 將麵團置於揉麵台上，揉捏至不沾黏為止（3分鐘）。放入塗了橄欖油（分量外）的調理盆中，覆蓋濕布後靜置於溫暖處，讓麵團發酵膨脹至2倍的大小（3小時左右）。

3 將麵團置於撒有手粉（高筋麵粉・分量外）的揉麵台上，用刮板切成3等分，整圓後將底部捏緊使其密合。用擀麵棍輕輕擀開來，蓋上濕布靜置鬆弛20分鐘。

4 在整個麵團撒上手粉（高筋麵粉・分量外），用擀麵棍擀成直徑18cm的圓形麵皮，擺放在鋪有烘焙紙的烤盤上，並用叉子在整片麵皮戳出小孔。用刷子在邊緣塗抹上橄欖油（分量外）之後，抹上奶油乳酪＋堅果，以預熱至220℃的烤箱烘烤10～12分鐘。最後擺放上冰淇淋與淋上蜂蜜。

讓奶油乳酪恢復至室溫，加入堅果與黍砂糖後，用橡皮刮刀攪拌混合備用。

擀開麵團後，用叉子在整片麵皮戳出小孔，在邊緣塗抹上橄欖油後，抹上奶油乳酪＋堅果進行烘烤。

12 棉花糖檸檬凝乳披薩

鬆軟披薩

●材料（直徑16cm的披薩3片份）

高筋麵粉…270g
低筋麵粉…30g
黍砂糖…2大匙
鹽…1小匙
乾酵母…½小匙（2g）
水…185g
小型棉花糖…90g

【檸檬凝乳】

雞蛋（中型）…1顆
細砂糖（或是黍砂糖）…70g
檸檬汁…4大匙（2顆份）
菜籽油…4小匙
成分調整豆漿…2小匙

●作法

1 製作檸檬凝乳。將檸檬汁、油與豆漿倒入小鍋中，以小火稍微加熱。

2 將雞蛋與細砂糖放入調理盆中，輕輕打發至泛白為止。將**1**分次少量地加入並用打蛋器拌勻，倒回小鍋中，以極小火煮4～5分鐘，同時用鍋鏟攪拌至呈現黏稠狀，靜置放涼。

3 將麵粉類、黍砂糖與鹽倒入調理盆中，用橡皮刮刀攪拌混合，再依乾酵母⇒水的順序加入混拌。在調理盆中輕輕揉捏之後，將材料聚攏成團，蓋上濕布醒麵10分鐘。

4 將麵團置於揉麵台上，揉捏至不沾黏為止（3分鐘）。放入塗了橄欖油（分量外）的調理盆中，覆蓋濕布後靜置於溫暖處，讓麵團發酵膨脹至2倍的大小（3小時左右）。

5 將麵團置於撒有手粉（高筋麵粉・分量外）的揉麵台上，用刮板切成3等分，整圓後將底部捏緊使其密合。用擀麵棍輕輕擀開來，蓋上濕布靜置鬆弛20分鐘。

6 作法同左頁下方的步驟**4**。用刷子在邊緣塗抹上橄欖油（分量外）後，以預熱至220℃的烤箱烘烤8～10鐘，依序抹上檸檬凝乳，擺上棉花糖後，再烤2～3分鐘。

將雞蛋與細砂糖放入調理盆中，輕輕打發至泛白為止。這是完成輕盈滋味的關鍵。

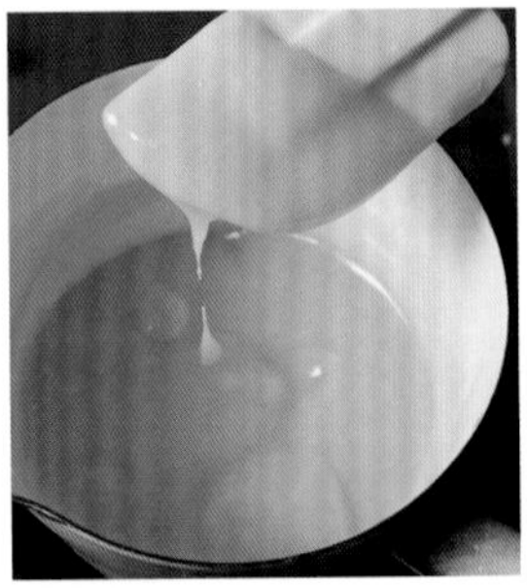

將加熱過的檸檬汁等加入蛋液中，以極小火煮至呈現黏稠狀。凝乳可以冷凍保存3週，因此可事先做好備用。

將麵皮乾烤之後，依序抹上檸檬凝乳，擺上棉花糖，再烤2～3分鐘，直到棉花糖微焦為止。

13 蘋果藍紋乳酪披薩

酥脆披薩

●**材料（直徑18cm的披薩3片份）**

高筋麵粉…300g
黍砂糖…1大匙
鹽…1小匙
乾酵母…½小匙（2g）
水…185g
橄欖油…1大匙

蘋果…1又½顆*
歌魯拱索拉乳酪（撕成1cm的小丁）…60g
披薩專用乳酪絲…1杯
黍砂糖…3大匙

*帶皮縱切成4等分，再切成5mm寬

●**作法**

1～3 作法同右頁的步驟**3～5**（在步驟**1**中，加水的同時將油倒入）。

4 在整個麵團撒上手粉（高筋麵粉．分量外），用擀麵棍擀成直徑18cm的圓形麵皮，擺放在鋪有烘焙紙的烤盤上，並用叉子在整片麵皮戳出小孔。用刷子在邊緣塗抹上橄欖油（分量外）後，依序擺上蘋果、黍砂糖與乳酪絲，以預熱至220℃的烤箱烘烤8～10分鐘。放上歌魯拱索拉乳酪後，再烤2～3分鐘。

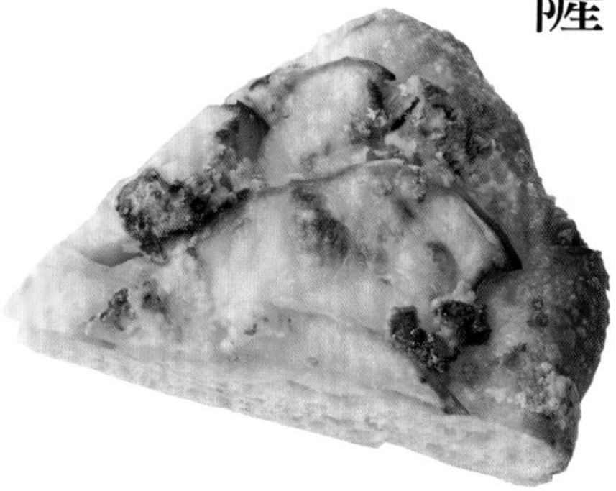

歌魯拱索拉乳酪是義大利具有代表性的藍紋乳酪。以其他喜歡的藍紋乳酪替代也OK。

在每片麵皮上依序擺上½顆份蘋果、1大匙黍砂糖與⅓杯披薩專用乳酪絲，烤好後放上歌魯拱索拉乳酪，再烤2～3分鐘。

14 藍莓奶油乳酪披薩

鬆軟披薩

●**材料（直徑16cm的披薩3片份）**

高筋麵粉…270g
低筋麵粉…30g
黍砂糖…2大匙
鹽…1小匙
乾酵母…½小匙（2g）
水…185g

藍莓（冷凍）…90g*
奶油乳酪（撕成1.5cm的小塊）…90g
黍砂糖…3大匙

*置於廚房紙巾上解凍。新鮮的也OK

●**作法**

1～3 作法同右頁的步驟**3～5**。

4 在整個麵團撒上手粉（高筋麵粉．分量外），用擀麵棍擀成直徑16cm的圓形麵皮，擺放在鋪有烘焙紙的烤盤上，並用叉子在整片麵皮戳出小孔。用刷子在邊緣塗抹上橄欖油（分量外）後，依序擺上藍莓、奶油乳酪與黍砂糖，以預熱至220℃的烤箱烘烤8～10分鐘。

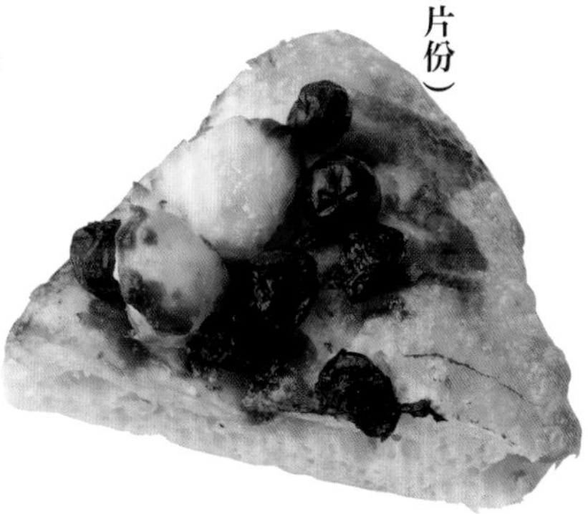

在每片麵皮上依序擺上藍莓、撕得稍大塊的奶油乳酪與1大匙黍砂糖進行烘烤。

第3章 佛卡夏麵包

這款小巧可愛的佛卡夏麵包，只要進行一次發酵就可輕鬆完成。
製作的重點在於輕輕擀開麵團後塗抹橄欖油，接著戳洞再進行烘烤。
麵皮的口感極佳，用來製作三明治也很方便。
戳洞時如果沒有確實戳到底，烘烤時凹洞就會消失，請特別注意。

1 基本的佛卡夏麵包（黑胡椒）

這是一款基本的麵團，充滿黑胡椒的辛辣味，
並利用蜂蜜帶出酥脆的口感。
可搭配義大利麵一起品嚐，
沾上奶油乳酪或蜂蜜也很對味。

● **材料（直徑8cm的麵包10個份）**

高筋麵粉…270g
低筋麵粉…30g
粗磨黑胡椒…1小匙
鹽…1小匙
乾酵母…½小匙（2g）
水…180g
橄欖油…1大匙
蜂蜜…½大匙

1 揉製麵團

將麵粉類、黑胡椒與鹽倒入調理盆中，用橡皮刮刀攪拌混合，加入乾酵母混合後，再加水、油與蜂蜜。

用橡皮刮刀攪拌至麵粉與水完全融合後，在調理盆中輕輕揉捏至麵粉結塊消失且變得黏稠沾手為止。

將材料聚攏成團，蓋上濕布醒麵10分鐘。

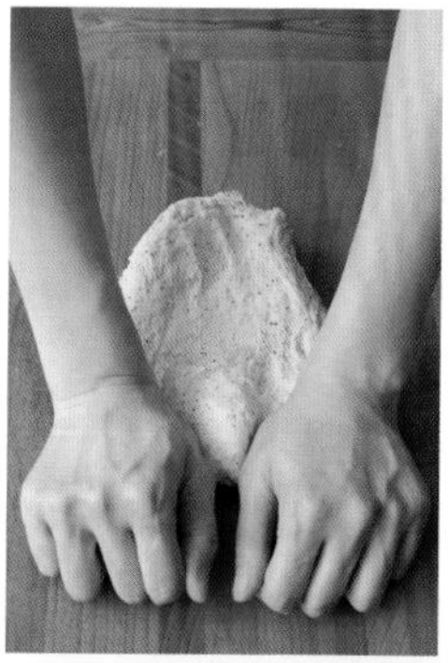

取出麵團置於揉麵台上，用手反覆「往內折疊、向外延展」的揉麵動作。邊揉邊旋轉90度改變方向，揉捏3分鐘左右。

2 進行一次發酵（約3小時）

將麵團放入塗了薄薄一層橄欖油（分量外）的調理盆中，覆蓋濕布後靜置於溫暖處（參照P.58）進行發酵。

＊在室溫20℃下發酵約3小時

讓麵團發酵膨脹至2倍左右。將麵團置於撒有手粉（高筋麵粉・分量外）的揉麵台上。

3 分割&靜置鬆弛（20分鐘）

用刮板在麵團上切出一道切口，深度為⅔，將切口往左右拉開並搓揉成棒狀。

從邊端開始切成10等分。用手掌側面輕撫麵團，延展出平滑的表面後整圓，將底部捏緊使其密合。

取出間隔並排在揉麵台上，覆蓋徹底擰乾的濕布靜置鬆弛20分鐘。

4 成形&烘烤

在整個麵團撒上手粉（高筋麵粉・分量外），用擀麵棍擀成直徑7cm的圓形麵皮，擺放在鋪有烘焙紙的烤盤上。

塗抹上橄欖油之後，用手指戳出4個洞，再撒上鹽（兩者皆少許・分量外）。以預熱至200℃的烤箱烘烤10～11分鐘。

1 青海苔魩仔魚佛卡夏麵包

麵團裡加了香氣四溢的青海苔，再擺放上大量的魩仔魚進行烘烤。烤得酥酥脆脆的魩仔魚，味道棒極了！也很推薦沾橄欖油來品嚐。

⬇ 作法見P.86

2 小番茄乳酪佛卡夏麵包

甜甜的小番茄，烤過後更甜。
切得小一點便可緊密地塞入凹洞裡，
避免烤好之後脫落。
撒上大量的乳酪粉帶出濃郁度。

⬇作法見P.86

3 蓮藕鮪魚佛卡夏麵包

塗抹上混合美乃滋與黑胡椒的鮪魚，
再放上一片蓮藕烘烤而成。
蓮藕酥脆的口感
也為味道增添了層次。

⬇ 作法見P.87

4 甜味蘋果佛卡夏麵包

將切成小塊的蘋果塞入凹洞中，撒上稍微多一點的黍砂糖進行烘烤，可以大大地提升甜味。蘋果與橄欖油意外地對味。塗上奶油乳酪來品嚐也很美味。

⬇ 作法見P.87

1 青海苔魩仔魚佛卡夏麵包

●材料（直徑8cm的麵包10個份）

高筋麵粉…270g
低筋麵粉…30g
青海苔粉…2大匙
鹽…1小匙
乾酵母…½小匙（2g）

水…180g
橄欖油…1大匙
蜂蜜…½大匙

魩仔魚…3大匙

●作法

1 將麵粉類、青海苔粉與鹽倒入調理盆中，用橡皮刮刀攪拌混合，再依乾酵母⇒水、油與蜂蜜的順序加入混拌。在調理盆中輕輕揉捏後，將材料聚攏成團，蓋上濕布醒麵10分鐘。

2 將麵團置於揉麵台上，揉捏至不沾黏為止（3分鐘）。放入塗了橄欖油（分量外）的調理盆中，覆蓋濕布後靜置於溫暖處，讓麵團發酵膨脹至2倍的大小（3小時左右）。

3 將麵團置於撒有手粉（高筋麵粉・分量外）的揉麵台上，用刮板切成10等分，整圓後將底部捏緊使其密合，蓋上濕布靜置鬆弛20分鐘。

4 在整個麵團撒上手粉（高筋麵粉・分量外），用擀麵棍擀成直徑7cm的圓形麵皮，擺放在鋪有烘焙紙的烤盤上。在表面塗抹上橄欖油（分量外）後，用食指戳出4個洞，擺放上魩仔魚，以預熱至200℃的烤箱烘烤10~11分鐘。

在麵皮塗抹上橄欖油之後，以手指用力戳出4個洞，各擺放上略少於1小匙的魩仔魚進行烘烤。

2 小番茄乳酪佛卡夏麵包

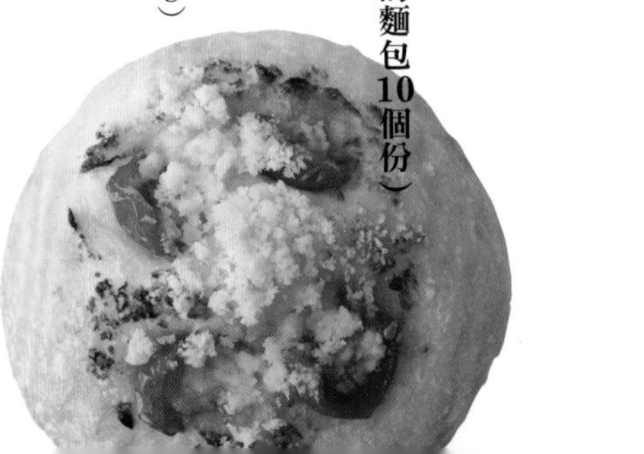

●材料（直徑8cm的麵包10個份）

高筋麵粉…270g
低筋麵粉…30g
鹽…1小匙
乾酵母…½小匙（2g）

水…180g
橄欖油…1大匙
蜂蜜…½大匙

小番茄（縱切成4等分）…10顆
乳酪粉…5小匙

●作法

1~3 作法同上（無步驟**1**的青海苔粉）。

4 在整個麵團撒上手粉（高筋麵粉・分量外），用擀麵棍擀成直徑7cm的圓形麵皮，擺放在鋪有烘焙紙的烤盤上。在表面塗抹上橄欖油（分量外）後，用食指戳出4個洞，各塞入1片小番茄，再撒上乳酪粉，以預熱至200℃的烤箱烘烤10~11分鐘。

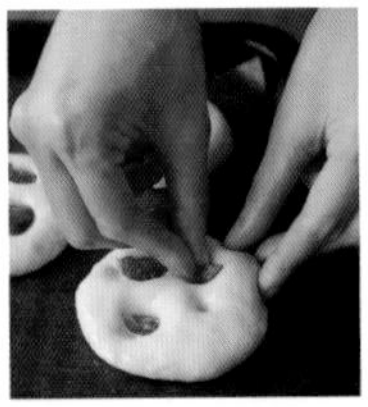

在麵皮塗抹上橄欖油之後，利用手指戳出4個洞，在凹洞裡各塞入1片小番茄。戳洞時如果沒有用力戳到底，烘烤時凹洞就會消失，請特別注意。

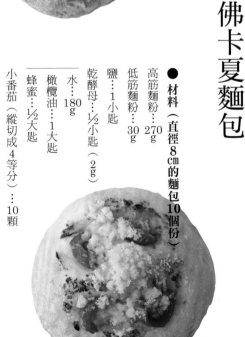

3 蓮藕鮪魚佛卡夏麵包

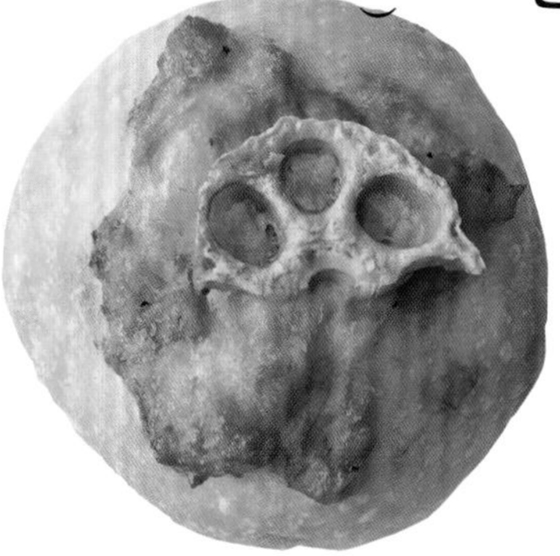

●材料（直徑8㎝的麵包10個份）

高筋麵粉…270g
低筋麵粉…30g
鹽…1小匙
乾酵母…½小匙（2g）
水…180g
橄欖油…1大匙
蜂蜜…½大匙
蓮藕（切成5㎜寬的半月狀）…10片
鮪魚罐頭（瀝乾汁液）…1小罐（70g）＊
美乃滋…1大匙＊
粗磨黑胡椒…少許＊

＊混合備用

●作法

1～3 作法同右頁上方（無步驟**1**的青海苔粉）。

4 在整個麵團撒上手粉（高筋麵粉．分量外），用擀麵棍擀成直徑7㎝的圓形麵皮，擺放在鋪有烘焙紙的烤盤上。在表面塗抹上橄欖油（分量外）後，用食指戳出4個洞，依序擺放上鮪魚＋美乃滋與蓮藕，以預熱至200℃的烤箱烘烤10～11分鐘。

在麵皮塗抹上橄欖油之後，以手指用力戳出4個洞，依序擺放上鮪魚＋美乃滋與1片蓮藕進行烘烤。

4 甜味蘋果佛卡夏麵包

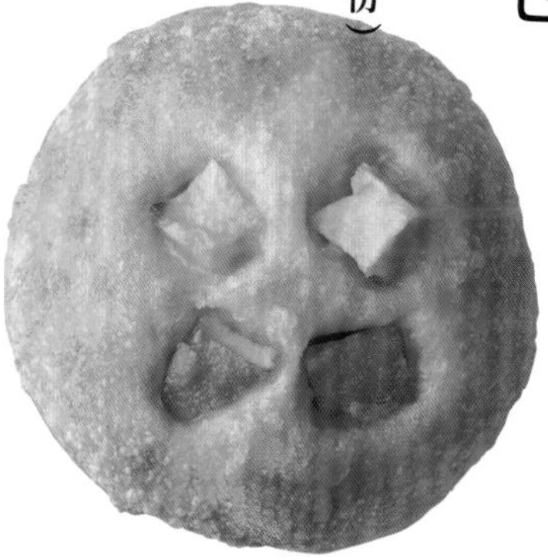

●材料（直徑8㎝的麵包10個份）

高筋麵粉…270g
低筋麵粉…30g
鹽…1小匙
乾酵母…½小匙（2g）
水…180g
橄欖油…1大匙
蜂蜜…½大匙
蘋果（帶皮切成1.5㎝的小塊）…¼顆
黍砂糖…2又½小匙

●作法

1～3 作法同右頁上方（無步驟**1**的青海苔粉）。

4 在整個麵團撒上手粉（高筋麵粉．分量外），用擀麵棍擀成直徑7㎝的圓形麵皮，擺放在鋪有烘焙紙的烤盤上。在表面塗抹上橄欖油（分量外）後，用食指戳出4個洞，各塞入1小塊蘋果，再撒上黍砂糖，以預熱至200℃的烤箱烘烤10～11分鐘。

在麵皮塗抹上橄欖油之後，利用手指戳出4個洞，在凹洞裡各塞入1小塊蘋果，再撒上¼小匙的黍砂糖進行烘烤。

幸榮（ゆきえ）

1979年生於日本廣島縣。有2個女兒，分別為11歲與8歲。19～25歲時活躍於模特兒界，後來因長女出生而引退，踏上烘焙麵包之路。在數間麵包烘焙教室學習後，為了鑽研更正統的麵包製作而到麵包坊工作，並於2010年起在神奈川縣的住家開設了「toiro（トイロ）」烘焙教室，以小班制教授「用少許酵母烘焙麵包」、「用自製酵母＋少許酵母烘焙麵包」。十分重視製作出能貼近日常生活的麵包。著有《酵母一點點：少許酵母×無奶油×快速出爐的小麵包＆貝果》（台灣東販）、《3分鐘快揉麵團【少許酵母粉×完全無奶蛋配方】：輕鬆做出33種天然原味の圓麵包＆貝果》（貝果文化）、《幸榮老師的烘焙教室：瑪芬蛋糕》（南海出版公司）等著作。

http://toiroyukie.com

【日文版工作人員】
美術指導・設計／川添 藍
攝影／福尾美雪

採訪／久保木 薫
校對／滄流社
編輯／足立昭子

◎（富）→TOMIZ（富澤商店）＊材料提供
tomiz.com
以製作糕點與麵包的材料為主，提供多樣化食材的食材專賣店。除了網路商店外，全日本共有64家直營店。

＊販售店家為2016年10月3日之資訊。有可能會因為店家或商品的狀況而無法取得相同的產品。敬請見諒。

41款Q軟貝果＆披薩在家輕鬆做
少許酵母粉×揉麵3分鐘×只發酵1次
2017年10月1日初版第一刷發行
2023年 3 月1日初版第四刷發行

作　　者　幸榮
譯　　者　童小芳
副 主 編　陳正芳
美術編輯　竇元玉
發 行 人　若森稔雄
發 行 所　台灣東販股份有限公司
　　　　　＜地址＞台北市南京東路4段130號2F-1
　　　　　＜電話＞(02)2577-8878
　　　　　＜傳真＞(02)2577-8896
　　　　　＜網址＞http://www.tohan.com.tw
郵撥帳號　1405049-4
法律顧問　蕭雄淋律師
總 經 銷　聯合發行股份有限公司
　　　　　＜電話＞(02)2917-8022
香港總代理　萬里機構出版有限公司
　　　　　＜電話＞2564-7511
　　　　　＜傳真＞2565-5539

國家圖書館出版品預行編目資料

41款Q軟貝果＆披薩在家輕鬆做：少許酵母粉×揉麵3分鐘×只發酵1次 / 幸榮著；童小芳譯. -- 初版. -- 臺北市：臺灣東販, 2017.10
88面；21×22公分
ISBN 978-986-475-473-1(平裝)

1.點心食譜 2.麵包

427.16　　106015805